JN010398

First Book

# リスク解析がわかる

豊富な例と問題で統計学に基づいた
リスク解析がわかる！身につく！

藤川浩 著

技術評論社

# はじめに

リスクという言葉は「この投資はハイリスク–ハイリターンだ」あるいは「喫煙は肺がんになるリスクがある」などのように、金融、健康など日常生活の中で頻繁に使われています。しかし、その意味は使う人によって異なり、あいまいな使い方も見られます。一般にリスクとはある行動や計画を実行した場合、生じる不都合な出来事の重大性と起きる確率と捉えられています。そして、リスクを推定することはその行動や計画を行なうかどうかを意志決定する際に、重要な指標となります。

金融分野ではリスクという言葉は非常に多く使われますが、リスクそのものに関する定義は明確にされておらず、関連した専門用語が数多く定義されています。ヒトの健康関連においては世界保健機関WHOなどで各種要因（喫煙など）のよるガン発生、有害物質（有機水銀、食品添加物など）による健康被害、病原体の感染に対するリスクについていろいろな検討がされてきています。一方、産業分野では製品の故障や不良、安全性などに関してリスクという概念を取り入れた管理手法が国際標準化機構ISOなどで確立されています。

しかし、リスクに関する書籍は少なく、それらの書籍もほとんどはリスクの定義及び計算ではなく、関連用語の解説、計算に留まっています。そこで、本書では前半でリスクを理解するための統計学的基礎事項を解説します。本書後半ではリスクの定義を明確に行ない、その計算法を示し、さらにリスクに関連した様々な考え方、評価方法を、具体的に健康科学および製品の品質安全管理などの分野を中心に解説します。また、本書で扱う統計学は平均と標準偏差を用いる伝統的な統計学ではなく、確率（尤度）に基づく統計学なので、その説明をしていきます。

本書ではグラフや表を用いて理解し易くし、さらに例題やクイズを多く設けて読者の理解を助けています。さらに、解説したExcelファイルおよびRのコードを本書のサポートページにて公開しています。

本書の主な対象読者は ①公衆衛生（食品衛生、感染症対策、有害物質汚染、動植物の輸入防疫など）に携わる関係者および②企業で製品の品質及び安全管理の担当者を想定しています。さらに本書は医学、薬学、農学および工学を学ぶ大学生及び大学院生の安全学、リスク学に関する参考書としても適しています。

本書は特に以下の書籍を参考に執筆されました。

David Bose『Risk Analysis　3rd ed』(Wiley)

藤川浩『実践　食品安全統計学』(NTS)

また、リスク解析は統計学の基礎知識があると理解しやすくなります。そのためには以下の書籍などが参考となるでしょう。

藤川浩　『演習で身につける統計学入門』(技術評論社)

涌井良幸、涌井貞美『統計解析がわかる』(技術評論社)

## ご注意：必ずお読みください

本書記載の情報は、2022年11月現在のものを掲載していますので、ご利用時には、変更されている場合もあります。ソフトウェアはバージョンアップされる場合があり、本書での説明とは昨日内容や画面図などが異なってしまうこともありえます。

本文中に記載されている製品名、会社名は、すべて関係各社の商標または登録商標です。

ファーストブック **リスク解析がわかる** Contents

# 第1章

# 確率

リスクとはある行動をとった場合、不都合な出来事が起きる確率と考えられます。そのためリスクを理解するには統計学、特に確率に関する基礎的な事項を理解しておくが必要があります。本書では第1章から第6章に渡ってリスクに関する基礎統計学、すなわち確率、確率変数、確率分布、標本、回帰分析、ベイズ統計学、確率過程などについて解説します。本書を読み進めていくと、ここで解説する内容の多くは平均と標準偏差に代表されるこれまでの伝統的な統計学ではなく、確率に基づく統計学であることが理解できると考えられます。

# 1-1 順列と組み合わせ

確率を理解するためには、順列と組み合わせをまず知っておく必要があります。順列とは例えばハートのカード13枚から4枚を任意に取り出し、それを取り出した順に並べるときの並べ方、つまり配列の数です。順列では4枚のカードが例えば順に$\{3, 5, 2, 9\}$に並べる配列と$\{3, 5, 9, 2\}$に並べる配列は区別して数えます。このように多数（$n$個）の異なった要素でできた集団から決められた数（$r$個）の要素を任意に取り出し、それらを取り出した順番に並べた配列の数が**順列**（Permutation）です。ただし$r \leqq n$です。

ハートのカードの例では1枚目は13通りの選び方があります。2枚目は1枚減っているので12通り、3枚目は2枚減って11通りのカードの選び方があります。つまり、順列で最初の1個目の要素は$n$通りの選び方があり、2個目は残った$n-1$通り、3個目も同様に$n-2$通りの選び方があります。最後の$r$個目の選び方は$n-(r-1)$通りとなります。カードの例で最後の4枚目の選び方は、$13-(4-1)=10$通りとなります。このとき並べ方の総数はこれら$r$個の選び方の積となり、${}_n\mathrm{P}_r$と表されます。カードの例では${}_{13}\mathrm{P}_4 = 13 \times 12 \times 11 \times 10 = 17160$となります。${}_n\mathrm{P}_r$は次の式(1)のように表されます。

$$ {}_n\mathrm{P}_r = n(n-1)(n-2)\cdots\{n-(r-1)\} \tag{1} $$

一方、順列の数${}_n\mathrm{P}_r$は次の式(2)のように表すこともできます。

$$ {}_n\mathrm{P}_r = n(n-1)(n-2)\cdots\{n-(r-1)\} = \frac{n!}{(n-r)!} \tag{2} $$

ここで、「!」は階乗を表します。階乗は下のような連続した自然数の積です。例えば、$4!=4\times3\times2\times1$となります。ただし、0の階乗$0!$は1とします。上述したカードの順列の数${}_{13}\mathrm{P}_4$を式(2)を使って表わすと${}_{13}\mathrm{P}_4=\frac{13!}{(13-4)!}=\frac{13!}{9!}$となり、分子と分母を約分すると$13\times12\times11\times10=17160$

通りとなります。

**クイズ 1**　次の計算をしなさい。

(1)　$5!/7!$　　(2)　$4!\times 2!$　　(3)　$4!/0!$

**クイズ 2**　次の計算をしなさい。

(1)　${}_3P_3$　　(2)　${}_5P_2$　　(3)　${}_7P_3$

**例題 1**

10人の出場者の音楽コンクールで、その成績から1位、2位、3位を決めるとき、その結果は何通り考えられますか。

**解答**　${}_{10}P_3=\dfrac{10!}{7!}=10\times 9\times 8=720$(通り)

**クイズ 3**　8人の出場者が出場する競技で1位から5位までを決めるとき、その結果は何通り考えられますか。

一方、**組合せ** (Combination) は多数の異なった要素からなる集団から決められた数の要素を任意に取り出す選択の数をいいます。順列と違って取り出した要素の順序は考えません。上述したハートのカード13枚から4枚を任意に取り出して並べるとき、例えば$\{5, 8, 2, 1\}$と$\{2, 1, 5, 8\}$のように順序の異なる配列を同一と考えます。

$n$個の異なる要素から任意に$r$個取るときの組合せの数は${}_nC_r$と表し、${}_nC_r$は次の式で表されます。

$$ {}_nC_r=\frac{nPr}{r!}=\frac{n!}{(n-r)!r!} \tag{3} $$

すなわち取り出した$r$個の要素の並べ方は$r!$通りの並べ方があるので、${}_nP_r$をさらに$r!$で割った値が${}_nC_r$となります。13枚のハートのカードから4枚を取り出すときの組み合わせは${}_{13}C_4$通りあります。式(3)を使ってそれを計算すると$\dfrac{13!}{(13-4)!4!}=\dfrac{13!}{9!4!}=13\times 11\times 5=715$ 通りあります。

また、カード13枚から4枚を取り出す組み合わせは13枚から9枚を取り出して残しておく組み合わせと一致します。つまり、$n$個の異なる要素から任意に$r$個取ることは$n$個から$n-r$個を取って残すことと同じなので、次の式が成り立ちます。

$$ {}_n\mathrm{C}_r = {}_n\mathrm{C}_{n-r} \tag{4}$$

なお、${}_n\mathrm{C}_r$を$\binom{n}{r}$と表わすこともあります。

**クイズ4**　次の計算をしなさい。

(1)　${}_7\mathrm{C}_3$　　(2)　${}_7\mathrm{C}_0$　　(3)　$\binom{7}{2}$

例題2

30人のクラスで2人の学級委員を無作為に選ぶとき、その選び方は何通りありますか。

**解答**　30人から2人を無作為に選ぶ組み合わせですから、${}_{30}\mathrm{C}_2$通りとなります。したがって、${}_{30}\mathrm{C}_2 = \dfrac{30!}{28!2!} = \dfrac{30\times 29}{2} = 435$ 通りです。

**クイズ5**　20人の大学生から5人のアルバイト学生を選ぶ選び方は何通りありますか。

例題3

あるクラス40人の中で19人が男子、21人が女子です。男子2人、女子2人からなる委員会を作るとき、その組み合わせは何通りありますか。

**解答**　男子19人から2人を選ぶ選び方は${}_{19}\mathrm{C}_2$通りあり、女子21人から2人選ぶ選び方は${}_{21}\mathrm{C}_2$通りあります。求める組み合わせは両者の積となりますから、

${}_{19}C_2 \times {}_{21}C_2 = \frac{19!}{17!2!} \times \frac{21!}{19!2!} = \frac{19 \times 18 \times 21 \times 20}{2 \times 2} = 35910$ 通りです。

各グループの組み合わせを掛け合わせるという、この考え方は以後もよく出てきますので、注意してください。

---

**クイズ 6**　赤い玉が6個、黄色い玉が7個入っている箱から、無作為に5個の玉を取り出します。このとき、赤い玉が2個、黄色い玉が3個となる組み合わせは何通りありますか。

# 1-2 確率とは何か

実験や検査、調査でデータをとる操作を**試行**（Trial）とよび、その試行によって得られる結果を**事象**、つまり**出来事**（Event）とよびます。試行によって得られた要素を**根元事象**（Elementary event）といいます。例えばサイコロを1回振ってその出た目を調べる試行を考えると、根元事象は$\{1, 2, 3, 4, 5, 6\}$の6個となります。

起こりうるすべての事象の中で対象とする事象が起こる確からしさを**確率**（Probability）とよびます。すなわち、起こりうるすべての要素の数を$n(\mathrm{S})$、ある事象$A$がもつ要素の数を$n(A)$とおくと、事象$A$が起こる確率$P(A)$は次の式のように表せます。

$$P(A) = \frac{n(A)}{n(S)} \tag{5}$$

このとき、各要素が起こる確率は特に記さない限りどれも等しいと考えます。例えばサイコロを1回振って2または4の目が出る事象の要素は$\{2, 4\}$ですから、確率$\mathrm{P}(A)$は$n(A) = 2$および$n(\mathrm{S}) = 6$より$P(A) = 2/6 = 1/3$です。各事象が起こる確率はどれも等しいと考えられるので、このように要素の数$n(A)$から確率$P(A)$が表せる訳です。また、理想的に出る目に偏りがない、つまりどの目の出る確率も等しいと考えられるサイコロを**公平な**（fair）サイコロといいます。

**例題 4**

公平なサイコロを2回振って出た目の和が5となる事象の起きる確率を求めなさい。

**解答**　2回振って出た目の組み合わせを順に例えば$\{5, 2\}$、$\{1, 4\}$のように表すと、サイコロを1回振って出る目は6通り、2回目も6通りあるため、すべての要素、つまり根元事象の数は36個です。その中で目の和が5となる事象は$\{1, 4\}$、$\{2, 3\}$、$\{3, 2\}$、$\{4, 1\}$の4つの要素があります。したがってこの事象の起こる確率は4/36＝1/9となります。

**クイズ7** 公平なサイコロAとBを振って出た目の和が10以上となる事象$C$の起きる確率$P(C)$を求めなさい。

**クイズ8** 公平な硬貨を4回トスしたとき、表が1回だけ現れる確率を求めなさい。

**例題5**

赤い玉が6個、黄色い玉が5個入っている箱から、無作為に4個の玉を取り出します。このとき、赤い玉が3個、黄色い玉が1個となる確率を求めなさい。

**解答** 求める事象（Aとする）の要素の数$n(A)$は赤い玉で${}_6\mathrm{C}_3$通り、黄色い玉で${}_5\mathrm{C}_1$通りですから両者の積となります。一方、全要素の数$n(S)$は全部の玉11個から4個を取り出すので、${}_{11}\mathrm{C}_4$通りあります。したがって

$P(A)=\dfrac{n(A)}{n(S)}=\dfrac{{}_6\mathrm{C}_3\times{}_5\mathrm{C}_1}{{}_{11}\mathrm{C}_4}=\dfrac{6!}{3!3!}\times\dfrac{5!}{4!1!}\Big/\dfrac{11!}{7!4!}=\dfrac{10}{33}$となります。

**クイズ9** あるクラス40人の中で19人が男子、21人が女子です。この中から無作為に委員を2人選ぶとき、全員が男子である確率を求めなさい。

# 1-3 確率の性質

事象$A$の起こる確率を考えるとき、図1に示すように起こりうるすべての事象$S$を全体集合と考えると理解しやすくなります。事象$A$はその中の一つの集合と考えられ、集合$A$の中には事象$A$に適合する要素が入っています。例えば事象$A$を「ハートの数字カード10枚から3以下の数字のカードを無作為に1枚引き出すこと」とすると、事象$A$の要素はハートの$\{1, 2, 3\}$の3つであり、全事象$S$の要素はハートの$\{1, 2, 3, \cdots, 8, 9, 10\}$となります。この例の事象$A$の起こる確率$P(A)$は当然$P(A)=3/10$となります。

$S$の中で$A$の起こらない事象not $A$を**余事象**といいます（図1A)。カードの例で$A$の余事象は「ハートの数字カード10枚から4以上の数字カードを無作為に1枚引き出すこと」となります。全く起こることのない、つまり要素のない事象を空事象とよび、$\phi$と表します。また、事象$A$または事象$B$が起こる事象を**和事象**とよび、$A \cup B$と表します。事象$A$かつ事象$B$が同時に起こる事象を**積事象**とよび、$A \cap B$と表します。図1Bでは事象$A$と事象$B$の重なった部分になります。事象$A$かつ事象$B$が同時には起こらない、すなわち$A \cap B = \phi$の場合、$A$と$B$は互いに**排反**であるといいます。この場合、図1Cに示すように二つの事象に重なった部分はありません。例えばカードの例で事象$B$を「ハートの数字カード10枚から7以上の数字のカードを無作為に1枚引き出すこと」とすると、その要素はハートの$\{7, 8, 9, 10\}$であり、上の事象$A$と共通する要素はありません。従って$A$と$B$は互いに排反です。

A.　余事象

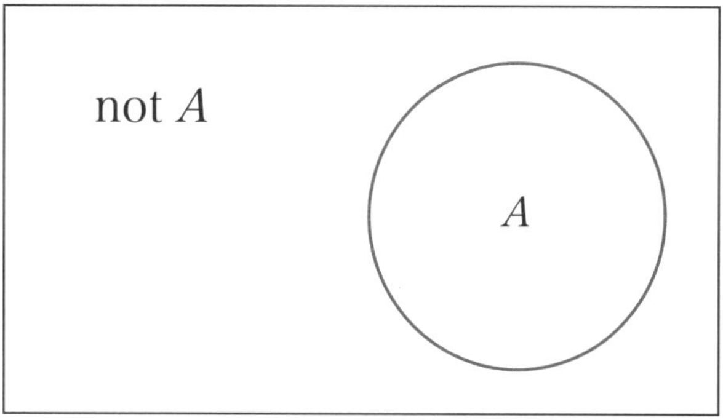


B.　積事象

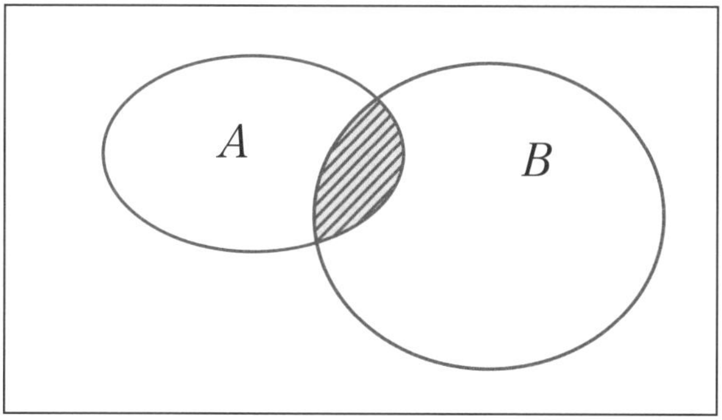


C.　互いに排反な事象

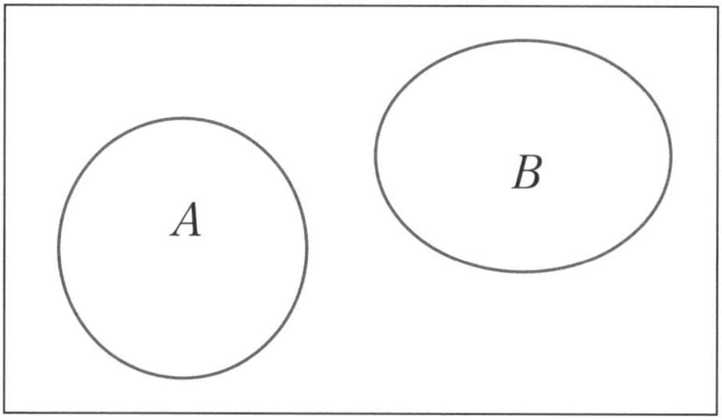


図 1　各種の事象

例題 6

公平なサイコロを2回振って出た目の和が10以下となる事象の起きる確率を求めなさい。ヒント：余事象を使う。

**解答** 例題4で示したように公平なサイコロを2回振って出た目を組み合わせた要素の数は36です。その和は2から12までありますが、2、3、4、5、・・・、10の各事象について要素の数を一つ一つ数えるのは労力がかかります。このような場合は数える数が少ない余事象を考えるとエレガントです。すなわち、この場合の余事象は「出た目の和が11と12である」という二つの事象になります。それに該当する要素は$\{5,6\}$, $\{6,5\}$, $\{6,6\}$の3つだけです。したがって求める要素の数は$36-3=33$であり、この事象の起こる確率は$P(E)=\dfrac{33}{36}=\dfrac{11}{12}$となります。

**クイズ 10** 公平な硬貨を4回トスしたとき、表が1回以上現れる確率を求めなさい。ヒント：余事象を使う。

対象とする事象と起こりうる全事象に関して次のような性質があります。

(i) 各事象のおきる確率は0以上1以下である。

(ii) 全事象の起こる確率は1である。

(iii) 空集合の起こる確率は0である。

(iv) 互いに排反な事象$A$と$B$の和事象が起こる確率$\mathrm{P}(A\cup B)$は各事象の起こる確率の和$P(A)+P(B)$に等しい（図1C）。

また、一般にAとBの和事象の確率について次の**加法定理**が成り立ちます。

$$P(A\cup B)=P(A)+P(B)-P(A\cap B) \tag{6}$$

(iv)で記したように互いに排反な事象（共通な要素を持たない）の場合、$P(A\cap B)=0$より式(6)は

$$P(A\cup B)=P(A)+P(B) \tag{7}$$

となります。例えばサイコロを振って偶数の目が出る事象と5の目が出る事象は互いに排反ですから、その和事象（偶数の目が出るまたは5の目が出る事象）の起こる確率は式(7)に従って各事象の確率の和になり、$\frac{3}{6}+\frac{1}{6}=\frac{4}{6}=\frac{2}{3}$となります。



例題 7

ある学年の学生（計300人）のうち、美術と音楽を選択している割合はそれぞれ50%と60%で、両方とも選択している割合は10%です。このクラスからある学生を選んだ時、その学生が美術または音楽を選択している学生の確率を求めなさい。

**解答** 美術Aと音楽Mを選択している確率はそれぞれ$P(A)=0.5$、$P(M)=0.6$で、両方とも選択している確率$P(A\cap M)$は0.1です。したがって美術または音楽を選択している確率$P(A\cup M)$は加法定理（式(6)）より$P(A\cup M)=0.5+0.6-0.1=1$です。すなわち、すべての学生が美術または音楽を選択していることになります。

**クイズ 11** ジョーカーを除くトランプカード52枚から1枚のカードを無作為に引くとき、次のカードとなる確率を求めなさい。(1)その数字が3以下である、(2)クラブでその数字が3以下である、(3)クラブあるいはその数字が3以下である。

例題 8

ある箱にミカンが12個入っています。そのうち、8個が甘く、4個が酸っぱいミカンですが、外観からは区別できません。この12個から無作為に3個選んだとき、少なくとも1個酸っぱいミカンが入っている確率を求めなさい。

**解答**　「少なくともx個」、「x個以上」、「x個以下」、「x個未満」のようにある範囲で確率および場合の数を求めるときは、その余事象を考えると簡単に解けることが多くあります。この例題では「3個が全て酸っぱくない(全て甘い)」という余事象を考えます。それが起こる確率を求め、全体1からその確率を引きます。余事象は甘いミカンを3個、酸っぱいミカンを0個選ぶことですから、その確率は$\frac{{}_8C_3 \times {}_4C_0}{{}_{12}C_3} = \frac{8!}{5!3!} / \frac{12!}{9!3!} = \frac{14}{55}$となります。従って求める確率は$1 - \frac{14}{55} = \frac{41}{55}$（≒0.745）となります。

別解：1個ずつ取って3個とも全て甘いミカンである確率は$\frac{8}{12} \times \frac{7}{11} \times \frac{6}{10} = \frac{14}{55}$となります。

この例題ではミカンの味を確かめた後、元に戻していません。この抽出方法を**非復元抽出**といいます。一方、味を確かめた後、元に戻し、混ぜた後、再び取り出す抽出方法を**復元抽出**といいます。通常の実験や検査ではミカンの例のように一度取り出した試料（Sample）は元の集団に戻せないので、非復元抽出になります。

**例題 9**

ある箱にキャンディーが12個入っています。そのうち、8個は赤色で、4個は黄色ですが、箱の外側からは区別できません。この12個から復元抽出法で無作為に3個選んだとき、少なくとも1個が黄色である確率を求めなさい。

**解答**　余事象「3個全て赤色である」を考えます。復元抽出の場合、赤色を取り出す確率は毎回$\frac{8}{12} = \frac{2}{3}$ですから、3個全て赤色である確率は$\left(\frac{2}{3}\right)^3$です。したがって求める確率は$1 - \left(\frac{2}{3}\right)^3 = \frac{19}{27}$となります。

**クイズ 12**　工場Aで作られる製品はその全個数の0.2%が規格外であることがこれまでのデータから分かっています。この製品から無作為に3個取り出したとき、(1)すべて規格外である確率および(2)少なくとも1個が規格外である確率を求めなさい。



**例題 10**

5つの解答のうち1つが正解の択一問題が計4題あります。全くでたらめに解答したとき、少なくとも1題は正解となる確率を求めなさい。

**解答**　1題につき正解となる確率は$\frac{1}{5}$と考えられるので、間違える確率は$1-\frac{1}{5}=\frac{4}{5}$です。余事象は「4題すべて間違える」であり、その確率は$\left(\frac{4}{5}\right)^4$です。したがって求める確率は$1-\left(\frac{4}{5}\right)^4=\frac{369}{625}$ (≒ 0.59)となります。

**クイズ 13**　3つの解答のうち1つが正解の択一問題が計4題あります。全くでたらめに解答したとき、少なくとも1題は間違える確率を求めなさい。

# 1-4 条件付き確率

事象$A$と$B$があって、事象$A$が起こった条件下で事象$B$が起こる確率を**条件付き確率**（Conditional probability）とよび、$P(B|A)$と表わします。カッコ内のバーの右側に条件を記し、左側に対象とする事象を記します。例えば、あるメーカーの製品Qが3つの工場 B, C, Dで製造されているとき、製品Qの1つを検査した結果、規格外であったとします。その規格外の製品がB工場で製造された確率を考えます。$A=\{$規格外であった$\}$、$B=\{$B工場で製造された$\}$とおくと、求める確率は$P(B|A)$と書けます。このとき、条件付確率について次の定義が成り立ちます。

$$P(B|A)=\frac{P(A\cap B)}{P(A)} \tag{8}$$

$P(A\cap B)$はB工場で製造され、かつ規格外である確率です。一方、見方を換えるとB工場で製造された製品で、それが規格外$A$である確率を考えることもできます。その確率は$P(A|B)$と書けます。この条件付き確率についても次の定義が成り立ちます。

$$P(A|B)=\frac{P(A\cap B)}{P(B)} \tag{9}$$

この2式から、共通する$P(A\cap B)$について次の式が成り立ち、これを**乗法の定理**といいます。

$$P(A\cap B)=P(A)P(B|A)=P(B)P(A|B) \tag{10}$$

**例題 11**

あるクラスで30%の学生が物理の試験で失敗し、20%の学生が化学の試験で失敗しました。また、15%の学生は両方で失敗しました。このとき、

(i) ある学生が化学で失敗しました。その学生が物理でも失敗した確率を求めなさい。

(ii) ある学生が物理または化学で失敗した確率を求めなさい。

**解答** その学生が物理Phyで失敗した確率は$P(Phy)=0.3$、化学Cheで失敗した確率は$P(Che)=0.2$、物理および化学で失敗した確率は$P(Phy\cap Che)=0.15$と表せます。

(i) 乗法の定理より$P(Phy\cap Che)=P(Che)P(Phy\,|\,Che)$が成り立ちます。

従って求める確率は$\dfrac{P(Phy\cap Che)}{P(Che)}=\dfrac{0.15}{0.2}=0.75.$

(ii) 加法の定理より$P(Phy\cup Che)=P(Phy)+P(Che)-P(Phy\cap Che)=0.3+0.2-0.15=0.35.$



---

**クイズ 14** あるクラスで70%の学生が数学の試験で合格し、80%の学生が英語の試験で合格しました。また、60%の学生は両方で合格しました。このとき、

(1) ある学生が英語で合格しました。その学生が数学でも合格した確率を求めなさい。

(2) ある学生が数学または英語で合格した確率を求めなさい。

ここで該当する事象の要素の数を考えると、次の式が成り立ちます。ただし、$S$は全要素を含む全体集合です。

$$P(A\cap B)=\frac{n(A\cap B)}{n(S)}$$

$$P(A)=\frac{n(A)}{n(S)}$$

この2式を式(8)に代入すると、式(8)は次のように該当する要素の数で表わすことができます。

$$P(B\,|\,A)=\frac{n(A\cap B)}{n(A)} \tag{11}$$

**例題 12**

公平なサイコロを2回振って出た目の和が8のとき、一方の目が3である確率を求めなさい。

**解答** $A=\{$目の和が8$\}$、$B=\{$一方の目が3$\}$とおくと、求める確率は$P(B|A)$と書けます。該当する事象の要素はサイコロを振って出た目のペアで書くと$A=\{(2,6), (3,5), (4,4), (5,3), (6,2)\}$、$A\cap B=\{(3,5), (5,3)\}$より$n(A)=5, n(A\cap B)=2$ですから、$P(B\mid A)=2/5$となります。

**クイズ 15** 公平なサイコロを2回振って最初の目が5であったとき、2つの目との和が9以上である確率を求めなさい。

# 1-5 独立事象



条件付き確率の式(8)及び(9)で次の関係が成り立っているとき、$A$と$B$は**独立**であるといいます。

$$P(B \mid A) = P(B)$$
$$P(A \mid B) = P(A)$$

つまり、事象$A$と$B$に次の関係が成り立つとき、$A$と$B$は独立であるといいます。

$$P(A \cap B) = P(A)P(B) \tag{12}$$

例えば、事象$A$をコインAをトスして表が出る事象、事象$B$をサイコロBを振って2の目が出る事象とすると、事象$A$と$B$は独立です。この事象$A$と$B$が共に起きる確率$P(A \cap B)$は各事象の起きる確率$P(A)=1/2$と$P(B)=1/6$の積1/12となります。

また、$A$と$B$が独立であるとき、一方の事象の結果に他方の事象の結果は影響を与えません。上の例ではコイントスの結果はサイコロの結果に影響を与えません。なお、事象$A$と$B$とがお互いに排反である場合とは意味が異なるので注意してください。

例題 13

AとBが射撃で的を当てる確率はそれぞれ$\frac{3}{4}$と$\frac{2}{3}$です。2人がそれぞれ的を撃つとき、次の事象が起こる確率を求めなさい。(i) 2人とも的を当てる、(ii) どちらか1人が的を当てる。

**解答** (i) AとBが的を当てる事象はそれぞれ独立と考えられるので、2人とも的を当てる事象の起きる確率は$P(A \cap B) = P(A)P(B) = \frac{3}{4} \times \frac{2}{3} = \frac{1}{2}$.

(ii) 加法の定理より

$$P(A\cup B)=P(A)+P(B)-P(A\cap B)=\frac{3}{4}+\frac{2}{3}-\frac{1}{2}=\frac{11}{12}.$$

別解：余事象「2人とも的を外す」を考えて

$$1-\left(1-\frac{3}{4}\right)\left(1-\frac{2}{3}\right)=1-\frac{1}{4}\times\frac{1}{3}=\frac{11}{12}.$$

---

**クイズ 16** 事象 $A$ と $B$ についての確率が $P(A)=\frac{1}{2}$, $P(B)=\frac{1}{3}$, $P(A\cup B)=\frac{2}{3}$ であるとき、

(1) $P(A\cap B)$, $P(A|B)$, $P(B|A)$ を求めなさい。(2)事象 $A$ と $B$ は独立ですか。

# 第2章

# 確率変数と確率分布

リスクは確率として表わされるため、その解析で扱う変数は一般に確率変数です。確率変数という用語は最初分かりにくいので、それについて解説します。次にその確率変数が従う確率分布について説明します。

# 2-1 確率変数とは何か

まず、確率変数について説明します。例えば、サイコロを1回振って出る目の数に関しては1から6までの6つの根元事象、すなわち要素{1, 2, 3, 4, 5, 6} があります。ここで各要素に対応させた変数$X$を考えます。$X$のとる値に対してその起こる確率$p(X)$が決まるとき、このような変数$X$を**確率変数**（Random variable）といいます。つまり、確率変数は取る値に対して確率をもつ変数です注)。公平なサイコロでは

$$p(x=1)=p(x=2)=p(x=3)=p(x=4)=p(x=5)=p(x=6)=\frac{1}{6}$$

となります。

コイントスで確率変数$Y$を考え、表が出た場合は$y=1$、裏が出た場合は$y=0$とおけば、$y=1$となる確率を$p$とすると、$y=0$となる確率は$1-p$となります。つまり、$Y$のとる値に対してそれぞれ起こる確率が決まります。なお、公平なコインでは$p=1/2$です。

一般の変数ではある値をとる場合、その値に対して確率を考えることはしません。しかし、私たちの周囲にあるいろいろな変数が確率変数となり得ます。

**クイズ1**　次の変数で確率変数となり得るものはどれですか。

1. A中学校の2年男子生徒の体重
2. 正12面体のサイコロを7回振ったとき6の目が出る回数
3. B市の月別平均の降雨量
4. C氏の1日当たり受け取る電子メールの数

確率変数には離散型と連続型の2種類があります。離散型の確率変数はこれまで説明してきたように、飛び飛び（離散した）の値をとります。例えば上記のサイコロを1回振って出た目の数を確率変数$X$と考えた場合

注） なお、統計学では変数自体は大文字で表しますが、その具体的な数値を表すときは小文字で表す慣習があるので、本書ではそれに従います。

$x=1$から$x=6$までの離散した計6個の値をとり、$x=2.34\cdots$のような値はとれません。ここで確率変数の離散した値とはその確率の値ではないので注意してください。コイントス$Y$の場合は0と1の計2個の値しか取りません。離散型では確率変数のとる値に対してそれぞれ確率が決まります。従って、離散型確率変数のとる値に対する確率は関数と考えられ、これを**確率質量関数**（Probability mass function）とよびます。一方、$Z$が正規分布のような連続型確率変数である場合、$Z$はその範囲内ではどのような値もとることができます。連続型確率変数のとる値に確率が決まっていれば、それも関数となり、その関数は**確率密度関数**（Probability density function）とよびます。

確率変数をもう少し複雑な場合にも適用できます。例えば、公平なサイコロを2回振って出た目の和を$X$とします。2つの目の出方、つまり根元事象（要素）は前節で示したように36通りあり、各根元事象が生じる確率は$\frac{1}{36}$と考えられます。$X$は2から12までのある値をある確率でとるので、確率変数です。確率変数$X$に関して各要素とその確率をまとめると、表1のようになります。例えば$x=6$となる確率変数の起こる確率はこの表に示すように対応する要素が5つあるので$\frac{5}{36}$となります。各$x$に対する確率の総和は全事象（和が2から12）に対応するため、表に示すように1となります。

表1　公平なサイコロを2回振って出た目の和

| 確率変数 | 対応する要素 | 確率 |
|---|---|---|
| $x$=2 | {1,1} | 1/36 |
| $x$=3 | {1,2}, {2,1} | 2/36 |
| $x$=4 | {1,3}, {2,2}, {3,1} | 3/36 |
| $x$=5 | {1,4}, {2,3}, {3,2}, {4,1} | 4/36 |
| $x$=6 | {1,5}, {2,4}, {3,3}, {4,2}, {5,1} | 5/16 |
| $x$=7 | {1,6}, {2,5}, {3,4}, {4,3}, {5,2}, {6,1} | 6/36 |
| $x$=8 | {2,6}, {3,5}, {4,4}, {5,3}, {6,2} | 5/36 |
| $x$=9 | {3,6}, {4,5}, {5,4}, {6,3} | 4/36 |
| $x$=10 | {4,6}, {5,5}, {6,4} | 3/36 |
| $x$=11 | {5,6}, {6,5} | 2/36 |
| $x$=12 | {6,6} | 1/36 |
| | | 総和　1 |

この例の確率質量関数は表1から次の図1のように示すことができます。$x$=7で最頻値（Mode）を示す左右対称のグラフとなります。

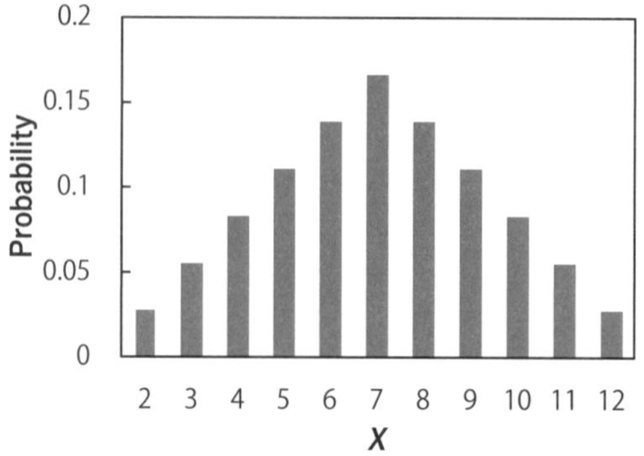


図1　サイコロを2回振って出た目の和についての確率質量関数

次に、事象$i$の確率$p_i$を積算していく関数$F(x)$を**累積分布関数**(Cumulative distribution function) といいます。$F(x)$は確率変数$X$が$x$以下である確率$F(x) = P(X \leqq x)$と表せます。上の例では、累積分布関数のグラフは図2のように表されます。最終的にすべての確率を積算すると当然1になります。

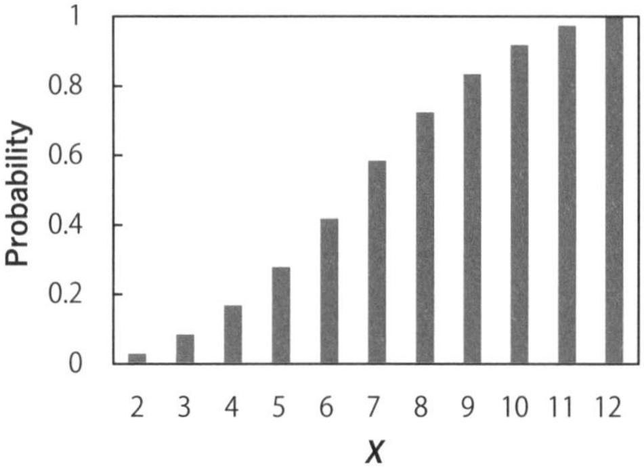


図2 サイコロを2回振って出た目の和についての累積分布関数



累積分布関数$F(X)$を使うと、確率変数$X$が範囲$a < X \leqq b$で起きる確率$P(a < X \leqq b)$は$F(a) = P(X \leqq a)$と$F(b) = P(X \leqq b)$から次のように表わせます。

$$P(a < X \leqq b) = F(b) - F(a) \tag{1}$$

例えば2つのサイコロの和の例では確率$P(3 < X \leqq 6)$は$F(6) - F(3) = 15/36 - 3/36 = 12/36 = 1/3$であり、図2の$x$=3と$x$=6での棒グラフの高さの差になります。

一方、連続型確率変数$X$の確率密度関数$f(X)$を模式的にグラフで表すと例えば図3のようになります。この図では$X$は$-\infty$(マイナスの無限大)からaまで$f(X)$は0で、aからdまで正の値をとり、dから$+\infty$(プラスの無限大) で再び0です。

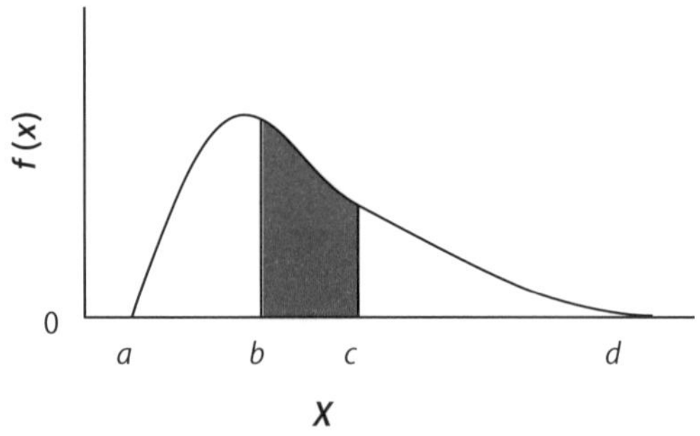


図3　連続型確率変数の確率密度関数（模式図）

連続型確率変数では $x=b$ のようなある特定の値に対して $f(b)$ のように確率密度関数 $f(X)$ の値は得られます。$f(b)$ の値は図3では $x=b$ での高さに相当します。しかし、$f(X)$ の値は確率ではありません。確率は $X$ のある範囲に対してのみ定義されます。例えば図3では $X$ の $b$ から $c$ までの範囲に対する確率 $P(b<X\leqq c)$ が示されています（塗られた部分）。この確率 $P(b<X\leqq c)$ は次の式のように表わすことができます。

$$P(b<X\leqq c)=\int_b^c f(x)\,dx \tag{2}$$

なお、この図で山型の曲線と横軸で囲まれた面積は全確率1に相当します。後述する正規分布に従う確率変数は連続型で、その確率密度関数はグラフ上で左右対称のベル型の滑らかな曲線を描きます。それに対してこの図の確率密度関数は右側に歪んだ（すそ野が長い）分布となっています。

連続型確率変数の累積分布関数は（図2に示す離散型確率変数と同様な形状の）最終的に1となる単調増加曲線となります。確率 $P(b<X\leqq c)$ は累積分布関数 $F(X)$ を使うと次のように表せます。

$$P(b<X\leqq c)=F(c)-F(b) \tag{3}$$

# 2-2 確率変数の平均と分散



確率変数$X$について実際にとる値を$x$，確率関数を$f(x)$とすると、確率変数$X$の平均$E(X)$は次の式で定義されます。平均は**期待値**(Expectation)ともいいます。ただし、$E(X)$を$\mu$（ミュー）と表わすこともあります。

離散型確率変数の場合、平均はそれぞれ取る値$x_i$とその確率$f(x_i)$の積の総和として、次の式で表されます。ここで、変数$x$のとる値は全部で$n$個あるとします。

$$E[X]=\sum_{i=1}^{n}x_i f(x_i) \tag{4}$$

確率変数$X$の分散$V(X)$は次の式で定義されます。$V(X)$は$\sigma^2$(シグマ2乗)と表わすこともあります。

$$V[X]=\sum_{i=1}^{n}(x_i-\mu)^2 f(x_i) \tag{5}$$

この式からわかるように分散とは確率変数の平均からの差（偏差）の二乗平均ともいえます。また、分散の正の平方根$\sigma$を標準偏差とよびます。

連続型確率変数の場合、平均と分散は次のように表わされます。

$$E[X]=\int_{-\infty}^{\infty}xf(x)\,dx \tag{6}$$

$$V[X]=\int_{-\infty}^{\infty}(x-\mu)^2 f(x)dx \tag{7}$$

分散と期待値の間には次の関係がみられます。

$$V[X]=E[X^2]-\mu^2 \tag{8}$$

この式は「分散は$X^2$の期待値から$X$の期待値$\mu$の2乗を引いた値に等しい」という意味です。分散を求めるとき計算が簡単になるので、よく使う式です。

■ **参考** ■ 式(8)の導き方

$$E[(X-\mu)^2]=E[X^2-2X\mu+\mu^2]$$
$$=E[X^2]-2\mu E[X]+E[\mu^2]=E[X^2]-2\mu^2+\mu^2=E[X^2]-\mu^2$$

ただし、$\mu=E[X]$です。

**例題 1**

確率変数$X$が次のような値$x$を確率$f(x)$でとるとき、その期待値$E[X]$と分散$V[X]$を求めなさい。

| $x$ | 2 | 3 | 5 | 7 |
|---|---|---|---|---|
| $f(x)$ | 0.2 | 0.4 | 0.1 | 0.3 |

**解答**　確率$f(x)$の和は1となるので、$X$は表の4つの値のみ取ることが分かります。

$$E[X]=0.2\times2+0.4\times3+0.1\times5+0.3\times7$$
$$=0.4+1.2+0.5+2.1=4.2$$
$$V[X]=0.2\times2^2+0.4\times3^2+0.1\times5^2+0.3\times7^2-4.2^2$$
$$=0.8+3.6+2.5+14.7-17.64=3.96$$

別解：

$$V[X]=0.2\times(2-4.2)^2+0.4\times(3-4.2)^2+0.1\times(5-4.2)^2+0.3\times(7-4.2)^2$$
$$=0.2\times(-2.2)^2+0.4\times(-1.2)^2+0.1\times(0.8)^2+0.3\times(2.8)^2=3.96$$

(やや計算量が多い)

**クイズ 2**　確率変数$X$が次のような値$x$を確率$f(x)$でとるとき、その期待値$E[X]$と分散$V[X]$を求めなさい。

| $x$ | 1 | 3 | 6 | −2 |
|---|---|---|---|---|
| $f(x)$ | 0.1 | 0.5 | 0.2 | 0.2 |

**例題 2**

公平なサイコロを1回振って出る目の平均と分散を求めなさい。

**解答**　公平なサイコロを1回振って出る目を$X$とすると、$X$は等しい確率1/6で1から6の値をとる確率変数です。したがって、

$$E[X]=1/6\times(1+2+3+4+5+6)=21/6=7/2.$$
$$V[X]=1/6\times(1^2+2^2+3^2+4^2+5^2+6^2)-(7/2)^2=91/6-49/4=35/12.$$

**クイズ 3**　1から4までの目が出る正4面体のサイコロを1回振って出る目の平均と分散を求めなさい。

# 2-3 確率変数の加法と乗法



確率変数$X$の平均を$E[X]$、分散を$V[X]$と表すとき，$X$を$a$倍して，$b$を加えた新しい変数$aX+b$の平均と分散について次の式が成り立ちます。ただし，$a$と$b$は定数とします。

$$E[aX+b]=aE[X]+b \tag{9}$$

$$V[aX+b]=a^2\,V[X] \tag{10}$$

公平なサイコロを1回振って出る目を$X$とすると、例題2に示したように$E[X]=7/2$および$V[X]=35/12$です。ここで$X$を12倍して1を加えた新しい確率変数$Y$を考えます。つまり、$Y=12X+1$と表せます。$Y$の平均と分散は上の2式を使うと$a=12$、$b=1$ですから、次のようになります。

$$E[X]=12\times\frac{7}{2}+1=43,\ \ V[X]=12^2\times\frac{35}{12}=420$$

また、2つの確率変数$X_1$と$X_2$について，その和$X_1+X_2$の期待値は次の式で表すことができます。

$$E[X_1+X_2]=E[X_1]+E[X_2] \tag{11}$$

公平な2つのサイコロをそれぞれ1回振ったとき出る目の和の平均はこの式を使うと各サイコロで出た目の平均の和に等しいので、$7/2+7/2=7$となります。この式は確率変数が3つ以上でも成り立ちます。

また，$X_1$と$X_2$が独立のとき，$X_1+X_2$の分散は次のように表されます。

$$V[X_1+X_2]=V[X_1]+V[X_2] \tag{12}$$

公平な2つのサイコロをそれぞれ1回振ったとき出る目の和の分散はこの式を使うと各サイコロで出た目の分散の和に等しいので、$35/12+35/12=35/6$となります。

この式は確率変数が互いに独立であれば3つ以上でも成り立ちます。

**クイズ4**　偏りのないコインをトスして表が出た場合は$x=1000$（円）、裏が出た場合は$x=0$（円）をとる確率変数$X$を考えます。このコインを6回トスしたときの期待値と分散を求めなさい。

# 2-4 確率分布

確率変数の確率が従う分布を確率分布といいます。ここでは代表的な確率分布を説明します。確率変数に離散型と連続型の2種類がありますが、確率分布もそれに応じて離散分布と連続分布があります。

## ベルヌーイ分布

サイコロを振って4の目が出るか出ないか、コインをトスして表が出るか裏が出るかのように、その結果がYesかNoの２つのうちのいずれかとなる試行をベルヌーイ試行といいます。ただし、試行は1回のみです。このような試行で確率変数$X$を考え、その値はそれが起きた（成功した）場合は1で、起きなかった（失敗した）場合は0と表せます。$x=1$となる確率を$p$とおくと、$x=0$となる確率は$1-p$となり、$X$の起こる確率$f(X)$は$f(1)=p$および$f(0)=1-p$のように表されます。この確率変数が従う分布を**ベルヌーイ分布**（Bernoulli distribution）とよび、これらをまとめると表2のようになります。ベルヌーイ分布は離散型確率分布の一つです。

表 2　ベルヌーイ分布

| 確率変数$X$の値 | 1 | 0 |
|---|---|---|
| 確率$f(X)$ | $p$ | $1-p$ |

この分布の平均$E[X]$と分散$V[X]$は次のように表されます。ただし、$p+q=1$とします。

$$E[X]=p \tag{13}$$

$$V[X]=p(1-p)=pq \tag{14}$$

**クイズ 5**　ベルヌーイ分布に従う確率変数の平均と分散の式(13)と(14)を導き出しなさい。

## 二項分布

ベルヌーイ試行を複数回行った場合に確率変数の示す分布を**二項分布**(Binomial distribution) といいます。すなわち、$n$回試行した中で何回成功したかを示す分布です。例えばコインを6回トスしたとき表が2回出る事象、サイコロを8回振ったとき3の目が2回出る事象はみな二項分布に従うと考えられます。この分布は後述するように各種の確率分布の中で非常に重要な分布です。

事象Aの起こる (成功する) 確率が$p$の試行を$n$回繰り返したとします。事象Aがそのうち$x$回起こるとき、その事象の起こる総数は${}_nC_x$通りあります。例えばサイコロを6回振って1の目が出る事象が3回起こる事象の数は${}_6C_3$通りです。一方、事象Aが起こらない事象の確率は$1-p$で、それが$n$回中$n-x$回起こることになります。したがって、$n$回の試行の中で事象Aが$x$回起こる確率$f(x)$は、次のように表されます。

$$f(x)={}_nC_x p^x(1-p)^{n-x} \tag{15}$$

ここで$x=0$、1、2、…、$n$です。このような確率分布を二項分布とよびます。二項分布は離散型確率分布の一つです。

例えば、公平なサイコロを9回振って6の目が出る回数を確率変数$X$ (ただし$0 \leqq X \leqq 9$) とします。このとき$X$は試行回数9、1回あたりの確率1/6の二項分布に従います。これを略して$\mathrm{Bin}(9,\ 1/6)$と表わします。例えば6の目が1回出る確率$f(1)$は、式(15)を使って

$$f(1)={}_9C_1\left(\frac{1}{6}\right)^1-\left(1-\frac{1}{6}\right)^{9-1}=9\times\left(\frac{1}{6}\right)^1\left(\frac{5}{6}\right)^8=\frac{9\times 5^8}{6^9}\fallingdotseq 0.349$$

と計算されます。同様にして6の目が出る回数が0回から9回までとなる確率をそれぞれ計算できます。それらの値からこの確率変数$X$の確率質量関数を図4に示します。この図から6の目が出る回数は1回の確率$f(1)$が最も大きく、5回以上出る確率は非常に小さいことが分かります。

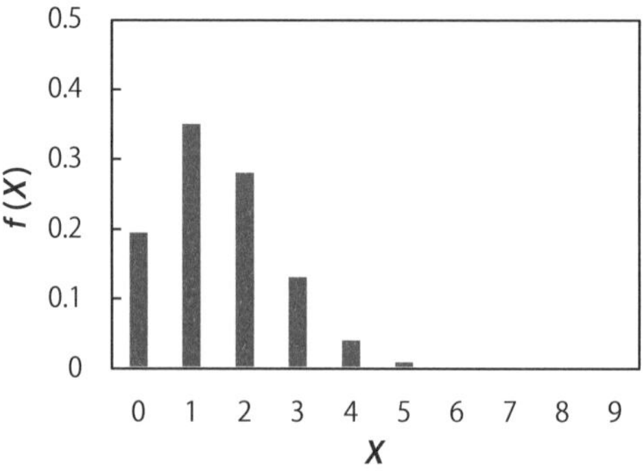


図4　サイコロを9回振って6の目が出る回数$X$の確率質量関数

Excel▶ 関数＝BINOM.DIST（成功数，試行回数，成功率，関数形式）を使います。成功数に1、試行回数に9、成功率に1/6、関数形式にfalseを代入すると、確率0.348…を得ます。

R▶ 関数dbinom(1,9,1/6)を使って確率を計算できます。

クイズ6　5つの選択肢から1つの正解を選ぶ問題が計4題あります。A君が全くランダムに解答したとき、4題中3題正解を選ぶ確率を求めなさい。また、少なくとも1題は正解を選ぶ確率を求めなさい。

確率変数$X$が各試行で起こる確率が$p$の二項分布に従うとき、試行を$n$回行なうと、$X$の平均、つまり期待値$E[X]$と分散$V[X]$は次の式のように簡単に表すことができます。

$$E[X] = np \tag{16}$$

$$V[X] = np(1-p) \tag{17}$$

この2式はしばしば現れる重要な式です。例えば、偏りのないサイコロを5回振って2の目が出る回数を表す分布$Bin\left(5,\ \frac{1}{6}\right)$の平均と分散は$\mu = np = 5 \times \frac{1}{6} = \frac{5}{6}$および$\sigma^2 = np(1-p) = 5 \times \frac{1}{6} \times \left(1 - \frac{1}{6}\right) = \frac{25}{36}$となります。

また、後述するように二項分布の確率$p$はベータ分布で推定できます。

クイズ7　5つの解答から1つの正解を選ぶ問題が計4題あります。A君が全くランダムに解答したとき、正解数の平均と分散を求めなさい。

## ポアッソン分布

ある事象が二項分布に従って起こるとき，その平均$np$を一定の値にしたまま試行回数$n$を増やすと、確率$p$は$n$に反比例して小さい値となります。そして$n$を無限大に大きくしたときの分布を**ポアッソン分布**（Poisson distribution）とよびます。二項分布が離散分布であるので、ポアッソン分布も離散分布です。現実の世界では、ある都市での1日当たりの自動車事故での死者数、年間の航空機事故数など、まれに起こる、すなわち確率$p$が小さい事象に適用される確率分布です。

二項分布の平均$np$を$\mu$とすると、これがポアッソン分布の平均となり、この分布に従う事象が$x$回起こる確率$f(x)$、つまり確率質量関数は次の式で表されます。

$$f(x)=\frac{\mu^x}{x!}e^{-\mu} \tag{18}$$

ただし、$x=0,\ 1,\ 2,\ \cdots$です。なお、$e$は自然対数の底で、ネイピア数とよばれ、$e=2.718\cdots$です。

ポアッソン分布の分散$V[X]$は、二項分布の平均と分散を表す式(16)と(17)から次のようになります。

$$V[X]=np(1-p)=\mu\left(1-\frac{\mu}{n}\right)$$

ここで$n$が無限大になると、この式の$1-\frac{\mu}{n}$の値は限りなく1に近づくので、次の式のように表されます。

$$V[X]=\mu \tag{19}$$

すなわち、**ポアッソン分布においてその平均と分散は等しくなります。**これはポアッソン分布のもつ重要な特徴の一つです。

Excel▶ 関数＝POISSON.DIST（イベント数，平均，関数形式）を使って、ポアッソン分布の確率を計算できます。例えばイベント数に2、平均に5、関数形式にfalseを代入してその確率0.0842…を得ます。

R ▶ 関数dpois(2,5)を使ってExcelと同様にポアッソン分布の確率を計算できます。

一定期間にある出来事が起きる回数が平均2のポアッソン分布に従う場合、その回数に対する確率を図5に示します。この場合は1回起きる確率と2回起きる確率は等しく、それ以上起きる確率は減少していきます。

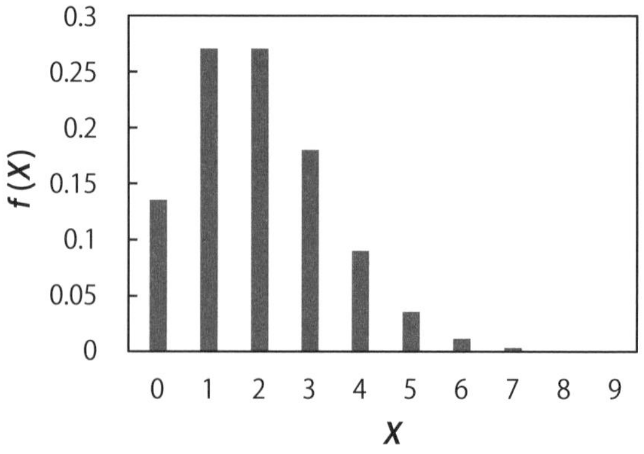


図5　ポアッソン分布の確率質量曲線（平均2）

---

**例題3**

製品Tの1か月当たりの苦情件数は平均2回です。このとき、苦情件数が1か月当たり2回以上となる確率を求めなさい。

**解答**　製品Tの1か月当たりの苦情件数$X$を確率変数と考えると、その起きる数は少ないので$X$はポアッソン分布に従うと考えられます。したがって、1か月当たりの苦情件数が$x$回である確率$f(x)$は次の式で表わされます。

$$f(x) = \frac{2^x}{x!}e^{-2}$$

苦情件数が1か月当たり2回以上の回数は2回、3回、4回、…のように無限にあるため、その余事象（苦情件数が1か月当たり2回未満）を考えます。

すなわち、求める確率は全確率1から0回と1回となる確率$f(0)$、$f(1)$を引いた値となります（図5参照）。したがって、1−0.135−0.271＝0.594となります。実際の計算は上記のExcelまたはRの関数を使うと簡単です。

**クイズ8**　A市の交通事故数は1週間当たり平均3件です。このとき、交通事故数が1週間当たり2件以上起きる確率を求めなさい。



なお、ポアッソン分布は起きる回数に関係なく、ある期間に起きる事象の回数およびある体積中に存在する粒子数など限られた区間や領域での数を表すときにも適用できます。また、後述するようにポアッソン分布の平均はガンマ分布で推定できます。

## 負の二項分布

二項分布から派生した分布として**負の二項分布**（Negative Binomial Distribution）があります。負の二項分布は成功する確率が$p$の試行で成功が$k$回得るまでの失敗回数$x$の分布を示します。負の二項分布では成功回数が固定され、失敗回数（または試行回数全体）が確率変数となっています。一方、二項分布では試行回数が固定され、成功回数が確率変数となっています。

負の二項分布に従う試行で$k$回成功するまでの失敗回数を$x$とおくと、その確率は次のように表すことができます。

$$f(x) = {}_{x+k-1}\mathrm{C}_x\, p^k (1-p)^x \tag{20}$$

なお、$k=1$のとき、幾何分布ともいいます。

Excel ▶ 関数＝NEGBINOM.DIST（失敗数, 成功数, 成功率, 関数形式）を使って、負の二項分布の確率を計算できます。例えば失敗数4、成功数3、成功率0.6を代入し、関数形式をfalseとして、確率0.0829…を得ます。

R ▶ 関数dnbinom(a, prob＝b, size＝c）を使います。aに失敗数4、bに成功確率0.6、cに成功数3を入力します。

負の二項分布の確率質量関数の例を次の図6に示します。この例では成功回数3、成功確率0.6、$X$は失敗の回数を示します。

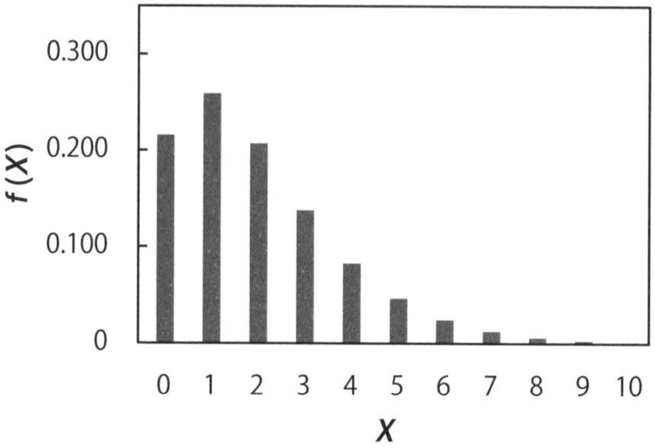


図6　負の二項分布の確率質量曲線

負の二項分布の期待値と分散は次のように表されます。

$$E[X] = \frac{k(1-p)}{p} \tag{21}$$

$$V[X] = \frac{k(1-p)}{p^2} \tag{22}$$

この2式から$V[X] = \dfrac{E[X]}{p}$が成り立つので、$0<p<1$の範囲で$E[X]<V[X]$が成り立ちます。つまり、負の二項分布は平均より分散が大きい分布、すなわち過分散の分布を示します。

## 多項分布

二項分布で起こりうる結果はYesとNoの2つだけでした。それをさらに一般化し、サイコロを1回振って出た目の数のように各試行で起こりうる結果が独立で複数通りある分布を考えましょう。1回の試行で起こりうる結果が$k$通りあり、その確率をそれぞれ$p_1, p_2, \cdots, p_k$とします。$n$回の独立な試行を行なったとき、結果$i$が起こる回数を確率変数$X_i$とします。

$$p_0+p_1+p_2+\cdots+p_k=\sum_{i=0}^{k}p_i=1 \tag{23}$$

ただし、 $$x_1+x_2+\cdots+x_k=n \tag{24}$$

このとき、$X_1=x_1,\ X_2=x_2,\ \cdots,\ X_k=x_k$となる確率$f(x)$は次の式で表され、このような確率分布を**多項分布**（Multinomial distribution）とよびます。

$$f(x_1,\ x_2,\ \cdots,\ x_k)=\frac{n!}{x_1!x_2!\cdots x_k!}{p_1}^{x_1}{p_2}^{x_2}\cdots{p_k}^{x_k} \tag{25}$$

なお、2項分布はこの式で$k=2$の場合に相当します。

多項分布の例として、サイコロを複数回振って出る目を考えると、目の種類は1から6までの6種類あり（$k=6$）、それらはお互いに影響を与えず、独立です。サイコロを4回振って（$n=4$）、3の目が2回、5の目と6の目が各1回現れる確率を考えましょう。それぞれの目が出る確率は1/6と等しいので、式(25)より求める確率は

$$\frac{4!}{2!\times1!\times1!}\times\left(\frac{1}{6}\right)^2\times\left(\frac{1}{6}\right)^1\times\left(\frac{1}{6}\right)^1=4\times3\times\left(\frac{1}{6}\right)^4=\frac{1}{108}\fallingdotseq0.00926$$

となります。

**クイズ9**　ジョーカーを除くトランプカード52枚について、カードを任意に1枚引いた後、そのマークを確認して元に返すとき（復元抽出）、5回引いてハートが2枚、スペードが2枚、クラブが1枚となる確率$P$を求めなさい。

## 超幾何分布

AとB2種類のサンプル（$N$個）からなる集団の中に、Aが$M$個含まれています。この集団から無作為に1個を戻さずにとる（非復元抽出）試行を$n$回繰り返し行なったとき、Aが$x$個である確率を$f(x)$とします。このときサンプルBは$N-M$個の中から$n-x$個取り出されているので、$f(x)$は次の式で表されます。

$$f(x) = \frac{{}_M C_x \times {}_{N-M} C_{n-x}}{{}_N C_n} \tag{26}$$

確率変数$x$がこのような確率分布で表されるとき、この分布を**超幾何分布**（Hypergeometric distribution）とよびます。超幾何分布は$N$が十分に大きい場合、二項分布で近似できます。その場合、Aを取り出す確率$p$は$\frac{M}{N}$とみなせます。

超幾何分布はサンプリングに関連する確率分布です。例えば、あるロットの製品から抜き取り検査を行い、その中の不適合品の数からロット全体の不適合品の数を推定する場合に使われます。通常、実験や検査に用いるサンプルは測定すると再び元に戻すことはできません。つまり、非復元抽出になるので、この分布が適用できます。もし検査したサンプルを戻して再び無作為にサンプリングする場合は復元抽出になり、対象となる不適合品の比率は変化しないので、二項分布が適用できます。また、超幾何分布はアンケート調査の解析や生態学で地域に生息する動物個体数を推定する際にも使われます。

---

例題 4

製品100個のうち、不適合品が3個含まれています。この中から5個無作為に取り出したとき、その中の1個が不適合品である確率を求めなさい。

**解答**　100個の製品のうち5個を取り出す組み合わせは${}_{100}C_5$通りあります。不適合品3個から1個取り出す組み合わせは${}_3C_1$通りあり、適合品$100-3=97$個から$5-1=4$個取り出す組み合わせは${}_{97}C_4$通りあります。したがって、求める確率は

$$\frac{{}_3C_1 \times {}_{97}C_4}{{}_{100}C_5} = \frac{3!}{2!} \times \frac{97!}{93! \times 4!} \times \frac{95! \times 5!}{100!} \fallingdotseq 0.138$$

なお、この例題では$N$が100と十分大きいので、$M/N=0.05$を使った二項分布で確率を求めると、0.133となり、超幾何分布による確率と近い値が求められます。

Excel ▶ 関数＝HYPERGEOM.DIST（標本の成功数，標本数，母集団の成功数，母集団の大きさ，関数形式）を使って、超幾何分布の確率を計算できます。例えば標本の成功数は不適合品の数1、標本数は5、母集団の成功数は不適合品の数５、母集団の大きさは100、関数形式はfalseを代入すると、確率0.138…を得られます。

R ▶ 関数dhyper（a,b,c,s,log ＝ FALSE）を使います。つまり、aにサンプル中の成功数1、bに集団中の成功数3、cに集団中の失敗数100－3＝97、sにサンプルの大きさ5を入力します。

クイズ 10　50個の製品Aのうち、検査の結果、48個が適合品です。ここからサンプル4個を任意に取り出したとき、その中の1個が不適合品である確率を求めなさい。

## 正規分布

**正規分布** (Normal distribution) は最も代表的な連続型の確率分布であり、いろいろな自然現象、社会現象を説明するために使われます。正規分布はガウス分布ともよばれ、ドイツの著名な科学者ガウスが測定の際の誤差を分析するとき、誤差を表す関数として考え出したと言われています。

①　正規分布とは何か

二項分布に従う確率変数でその起こる確率を変えずに試行回数だけを非常に大きくしていき､最終的に連続型分布を考えると正規分布になります。例えば、1回あたり起こる確率を0.15として二項分布の試行回数$n$が5と200のときの確率と正規分布による確率密度曲線$f(X)$を描くと、図7のようになります。$n$が少ない場合（$n=5$）は起こる回数$X$について2項分布と正規分布による$f(X)$は値に差が見られます（図7A)。一方、$n$が多い場合（$n=200$）は両者による差は非常に小さくなります（図7B)。$n$がさらに大きくなると、両者の値は限りなく近づき、正規分布が二項分布において$n$が正の無限大$+\infty$のときの極限の分布であることがわかります。

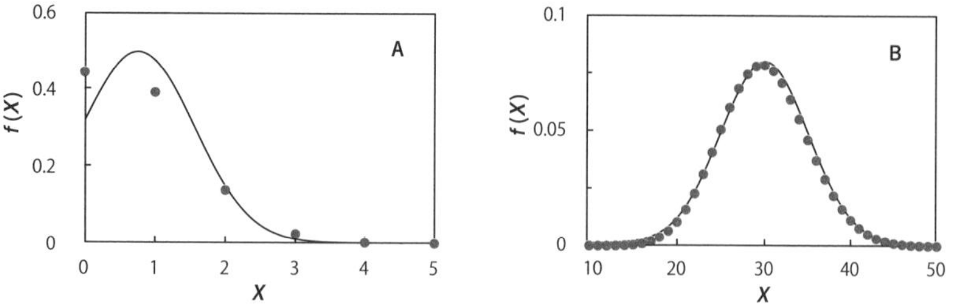


図7 正規分布と2項分布の比較

青丸は二項分布による確率（2項分布の試行回数A.5, B.200）、曲線は正規分布による確率密度関数を示します。ここで2つの分布の平均と分散は一致するように合わせています。

**クイズ11** 図7AおよびBについて、二項分布の平均と分散をそれぞれ求めなさい。

平均$\mu$、分散$\sigma^2$の正規分布$N(\mu, \sigma^2)$に従う確率変数$X$の確率密度関数は次の式で表されます。複雑な形をしていますが、平均と分散の間に関連はありません。すなわち、平均から分散の値が決まることはなく、逆もありません。

$$h(x) = \frac{1}{\sqrt{2\pi}\,\sigma} e^{\frac{-(x-\mu)^2}{2\sigma^2}} \tag{27}$$

Excel▶ 関数＝NORM.DIST(X, 平均, 標準偏差, 関数形式)を使って、正規分布の確率密度関数を計算できます。確率変数Xに1、平均に2、標準偏差に3、関数形式にFALSEを代入すると、確率密度関数の値0.125…を示します。

R▶ dnorm（1, m＝2, s＝3）で確率変数が1、平均mが2、標準偏差sが3のときの確率密度を示します。

正規分布の確率密度関数は左右対称のベル型（釣鐘型）をしていますが、その形状は標準偏差、すなわち分散の大きさによって異なります。図8では比較のため、平均が等しく（すべて0）、標準偏差が異なる3つの正規分布の確率密度曲線を示しています。この図で分かるように標準偏差が大きくなるほど、ピークが低くて裾野の広いベル型となります。ただし、各曲線とX軸で囲まれた部分の面積はいずれも1で変わりません。

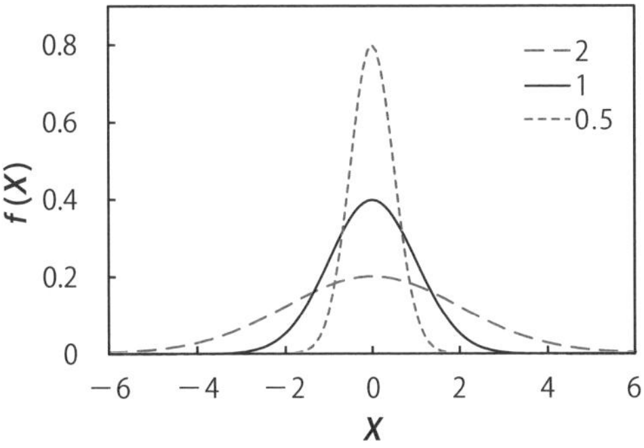


図8　正規分布の標準偏差による形状の違い

数値は各確率密度曲線の標準偏差を示します。

② 正規分布に従う確率変数の存在確率

正規分布はこれまで説明してきた各種の分布と異なり、連続型であるという点に注意が必要です。すなわち、連続型確率変数の確率はその変数がある範囲の値で（図3の青色部分）で定義されます。例えば正規分布$N(\mu, \sigma^2)$では平均$\mu$から$\pm 1\sigma$の範囲に$X$が存在する確率は68.3%です。さらに、$\pm 2\sigma$および$\pm 3\sigma$の範囲に$X$が存在する確率はそれぞれ95.4%、99.7%です。図9には$\mu=0$と$\sigma=1$に単純化した$N(0, 1)$について$\pm 1\sigma$の範囲に$X$が存在する確率を青色で示しています。また、$\pm 2\sigma$および$\pm 3\sigma$の範囲を点線で表しています。

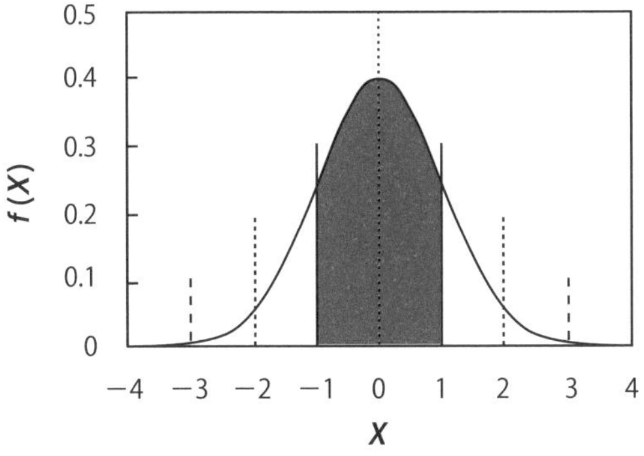


図9　正規分布$N(0, 1)$における確率変数$X$の存在する確率

正規分布に従う事象についてその確率を考えましょう。例えば、ある養鶏場で取れる鶏卵の重さはこれまでのデータから正規分布$N(63, 9^2)$を示すとき、この養鶏場で取れる鶏卵から1個取り出して、その重さが69gを超える確率を求めます。この養鶏場で取れる鶏卵の重さの分布（確率密度関数）を図10に示します。青色の部分が69gを超える求める確率を示します。この確率は0.252と計算されます。

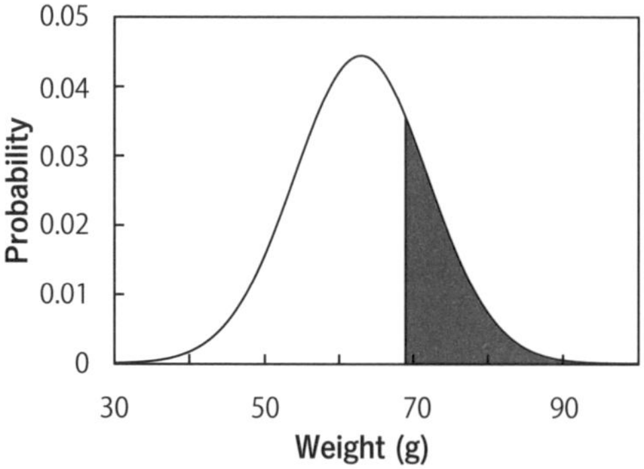


図10 養鶏場で取れる鶏卵の重さの分布 $N(63, 9^2)$

Excel ▶ 前述した関数＝NORM.DISTを使い、関数形式にTRUEを指定すると、正規分布での累積した確率を求められます。得られた確率は$-\infty$からの累積した確率になります。

R ▶ 関数pnorm(69, m＝63, s＝9)で、確率変数の値69、平均63、標準偏差9を代入すると、エクセルと同様に累積した確率$P(-\infty < X \leqq 69)$の値が得られます。

**クイズ 12** 製品Gの重さは平均3,100g、標準偏差81gの正規分布を示します。製品Gを1個取り出したとき、その重さが3,000g以下である確率を求めなさい。

次の例題で示すように、二項分布で試行数が多い場合、正規分布で近似できます。

**例題 5**

偏りのないサイコロを250回振ったとき、6の目が出る回数の期待値と標準偏差を求めなさい。次に6の目が出る回数が250回中50回以下となる確率を求めなさい。

**解答** このサイコロを250回振って4の目が出る回数を確率変数$X$と考えると、$X$は二項分布$\mathrm{Bi}\left(250,\ \dfrac{1}{6}\right)$に従うと考えられます。従って、その平均は$np=\dfrac{250}{6}\fallingdotseq 41.7$、分散は$np(1-p)=\dfrac{250}{6}\times\left(1-\dfrac{1}{6}\right)=\dfrac{250}{6}\times\dfrac{5}{6}$ $\fallingdotseq 34.7 \fallingdotseq 5.89^2$ですから、標準偏差は5.89となります。

この試行は250回という数多くの回数行なったので、確率変数$X$は正規分布で表すことができます。つまり、**$X$のとる分布は正規分布$N(41.7,\ 5.89^2)$に近似できる**と考えられます。従って$X$が50回以下である確率は$P(0<X\leqq 50)$となります。上述したExcel関数NORM.S.DISTあるいはR関数pnormを使うと、$P(0<X\leqq 50)=0.921$が得られます。

**クイズ 13** 偏りのないコインを240回トスしたとき、表が出る回数の期待値と標準偏差を求めなさい。次に、表が出る回数が110回以上となる確率を求めなさい。

## 対数正規分布

非常に広範囲、すなわちべき乗のスケールで確率変数を表す場合に、**対数正規分布**(Lognormal distribution)は有効な分布です。この分布は確率変数を$X$の代わりにその自然対数$\ln X$(あるいは常用対数$\log X$)としたとき正規分布に従う分布となります。つまり、対数正規分布ではこの確率変数をそのままのスケールで表わすと、図11Aのような右側に長い尾部を持つ曲線となりますが、確率変数の対数をとると、図11Bのように左右対称のいわゆるベル型の正規分布曲線が描かれます。

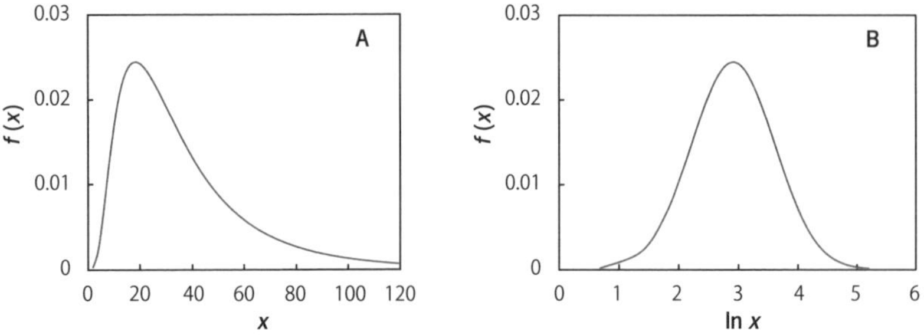


図 11 対数正規分布

A. $\mu$=30=exp(3.40), $\sigma$=2=exp(0.693)

B. X軸：自然対数のスケール

実際には対象物質（化学物質あるいは微生物など）の濃度$X$を対数正規分布で解析する場合、その濃度を常用対数変換した$\log X$を直接確率変数とした方が簡単です。この場合、確率密度関数は対数正規分布ではなく、通常の正規分布を使います。

## ワイブル分布

ある事象の起きる確率が時間と共に変化する場合、その事象が起きるまでの時間間隔を確率変数とすると、この確率変数が従う分布が**ワイブル分布**（Weibull distribution）です。この分布は連続型分布であり、機械の故障率を表す場合に使われます。機械の故障率は一般に使い始めの時期、中間時期および耐用年数に近づいた時期でそれぞれ異なりますが、この現象を表わすために、この分布が使われます。

ワイブル分布Weibull$(\alpha, \beta)$の確率密度関数$f(x)$は次のように表わされます。

$$f(x) = \alpha\beta^{-\alpha}x^{\alpha-1}\exp\left(-\left(\frac{x}{\beta}\right)^{\alpha}\right) \tag{28}$$

$\alpha$は形状shapeに関するパラメーター、$\beta$は尺度scaleに関するパラメーターとよばれます。図12にワイブル分布の例を示します。

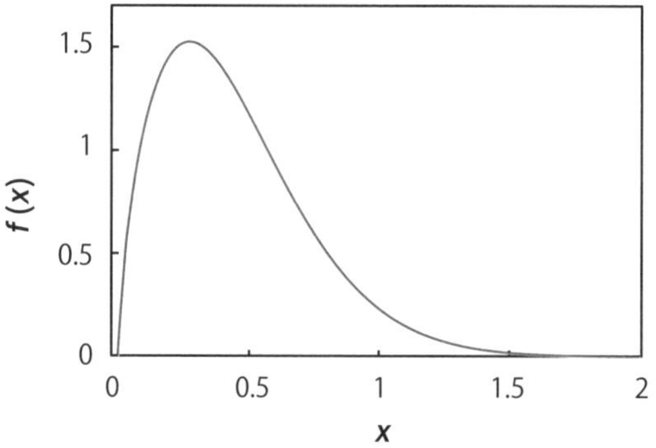


図12 ワイブル分布の確率密度曲線($\alpha$=1.6, $\beta$=0.5)

Excel▶ 関数WEIBULL.DIST($x$, $\alpha$, $\beta$, 関数形式)を使って、ワイブル分布の確率密度を求められます。例えば$x$に確率変数の値(ここでは0.9)、$\alpha$に1.6、$\beta$に0.5、関数形式はFALSEを代入すると、$x=0.9$に対する確率密度0.351…が得られます。

R▶ 関数dweibull(x,shape=m,scale=n)を使って、確率変数$x$における確率密度$f(x)$を得られます。$x$に0.9、$m$に1.6、$n$に0.5を代入すると、$f(0.9)=0.351\cdots$が得られます。

## 指数分布

**指数分布**(Exponential distribution)は大地震の間隔時間のように、ランダムに起きる事象についてその発生間隔の分布を示したものです。つまり、ある事象の起きる確率が一定の場合、ランダムに起きる事象の発生間隔は指数分布に従うと考えられます。指数分布は連続型分布であり、Weibull($\alpha$, $\beta$)において$\alpha=1$にした分布すなわち、Weibull(1, $\beta$)でもあります。したがって、式(28)より指数分布の確率密度関数$f(x)$は次のように表わされます。図13にその1例を示します。

$$f(x)=\left(\frac{1}{\beta}\right)\exp\left(-\frac{x}{\beta}\right) \tag{29}$$

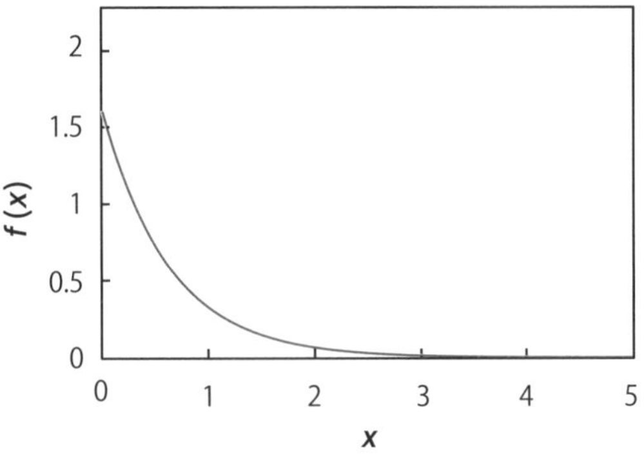


図13 指数分布の確率密度関数$\left(\frac{1}{\beta}=1.6\right)$

Excel▶ 関数EXPON.DIST(X, $\lambda$, 関数形式)を使って指数分布の確率密度を求めます。Xに0.5、$\lambda$に$\frac{1}{\beta}$である1.6、関数形式はFALSEを代入すると、確率密度関数の値0.78…が得られます。

R▶ 指数分布の確率密度を求めるには関数dexp(x, rate = b)を使います。xには確率変数の値（ここでは0.5）、bには$1/\beta$の値（ここでは1.6）を入力すると、確率密度0.718…が得られます。

指数分布では事象の起きる確率が一定であるので、次の事象が起きるまでの時間は過去の経過に影響されないので記憶性がない（memoryless）とよばれます。一方、ポアッソン分布はある事象が単位期間にランダムに起きる回数を示す分布で、指数分布と関連があります。すなわち、平均$\lambda$のポアッソン分布に従って起きる事象の発生間隔は平均$\frac{1}{\lambda}$の指数分布に従います。これについては後述します。

## ガンマ分布

**ガンマ分布**（Gamma distribution）は指数分布を一般化した分布で、期間$\frac{1}{\lambda}$の間に1回程度おきるランダムな事象が$\alpha$回起きるまでの時間分布を表わします。ガンマ分布は次の確率密度関数で表わされます。ただし、$x<0$のとき$f(x)=0$です。

$$f(x)=\frac{\lambda^{\alpha}}{\Gamma(\alpha)}x^{\alpha-1}e^{-\lambda x} \tag{30}$$

ここで$\alpha$と$\lambda$は正のパラメーターです。$\Gamma(\alpha)$はガンマ関数とよばれる式(31)の関数で、階乗!を一般化したものです。つまり、$\alpha$が正の整数であれば、$\Gamma(\alpha)$は$(\alpha-1)!$に等しくなります。例えば$\Gamma(3)=(3-1)!=2!=2$となります。なお、ガンマ分布とガンマ関数とは混同しないように注意してください。

$$\Gamma(\alpha)=\int_{0}^{\infty}x^{\alpha-1}e^{-x}dx \tag{31}$$

式(30)に示すようにガンマ分布では確率密度関数が$x^{\alpha}e^{-bx}$の形をしています。ガンマ分布の確率密度関数の例を図14に示します。

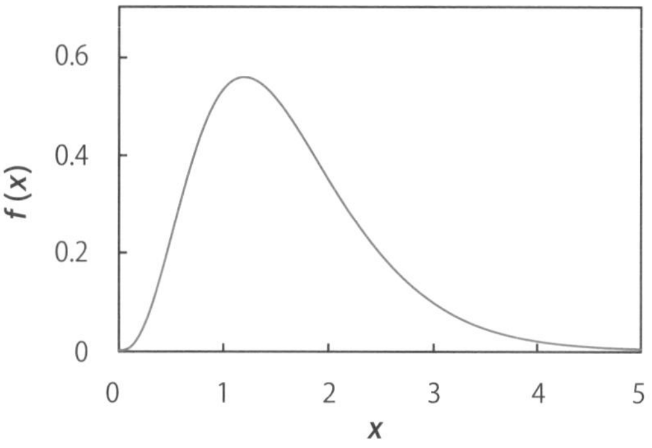


図14 ガンマ分布$\alpha=4$, $\lambda=2.5$

Excel▶ 関数GAMMA.DIST(x, $\alpha$, $\beta$, 関数形式)を使ってガンマ関数の

確率密度を得られます。$x$に2、$\alpha$に4、$\beta$には$\frac{1}{\lambda}$の値（ここでは$\frac{1}{2.5}=0.4$）、関数形式はFALSEを入力すると、確率密度0.350…が得られます。

R▶ 関数dgamma(x, a, b)を使って求められます。xには確率変数の値（ここでは2）、aには$\alpha$の値（ここでは4）、bには$\lambda$の値（ここでは2.5）を代入すると、確率密度0.350…が得られます。

ガンマ分布Ga($\alpha$, $\lambda$)の平均と分散は次のように表わせます。

$$E[X]=\frac{\alpha}{\lambda} \tag{32}$$

$$V[X]=\frac{\alpha}{\lambda^2} \tag{33}$$

また、$\alpha=1$としたガンマ分布Ga(1, $\lambda$)は式(30)から分かるように指数分布に等しくなります。

## ベータ分布

**ベータ分布**（Beta distribution）は後述する二項過程の成功する確率を表すときに使われます。この分布は0<x<1の範囲で、次の確率密度関数で表わされます。

$$f(x)=\frac{x^{\alpha-1}(1-x)^{\beta-1}}{B(\alpha,\ \beta)} \tag{34}$$

ここで、$B(\alpha, \beta)$はベータ関数とよばれます。ただし、$0<\alpha$および$0<\beta$です。ベータ関数は次の式で定義されます。なお、ベータ分布とベータ関数とは混同しないように注意してください。

$$B(\alpha,\ \beta)=\int_0^1 x^{\alpha-1}(1-x)^{\beta-1}\,dx \tag{35}$$

このようにベータ分布では確率密度関数が$x^a(1-x)^b$の形をしています。ベータ関数とガンマ関数には次の式が成り立ちます。

$$B(\alpha,\ \beta)=\frac{\Gamma(\alpha)\Gamma(\beta)}{\Gamma(\alpha+\beta)} \tag{36}$$

ベータ分布の密度関数の形状を次の図15に示します。

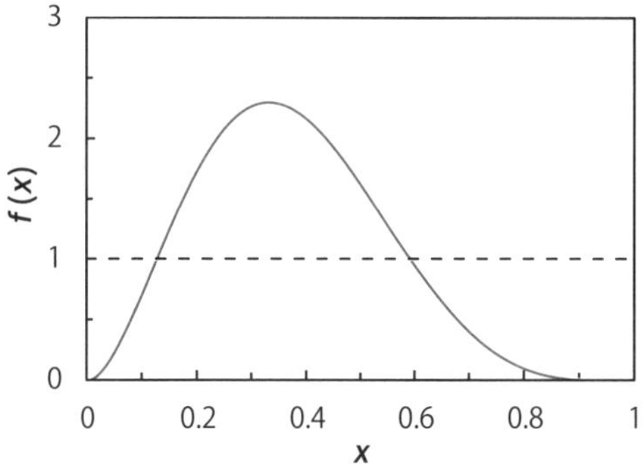


図15 ベータ分布の確率密度曲線（$\alpha$=3, $\beta$=5）

破線は$\alpha=\beta=1$のときの確率密度曲線を示します。

Excel▶ 関数BETA.DIST(x, $\alpha$, $\beta$, 関数形式)を使って確率密度を求められます。xに0.1、$\alpha$に3、$\beta$に5、関数形式はFALSEを代入すると、確率密度0.688…が得られます。

R▶ 関数dbeta(x, shape1, shape2)を使って確率密度を求めます。xに0.1、shape1に$\alpha$(ここでは3)、shape2に$\beta$(ここでは5)を代入すると、確率密度0.688…が得られます。

ベータ分布は$\alpha$と$\beta$の値によってその形状が大きく変化し、図15に示すように$\alpha=\beta=1$のときは次に説明する一様分布$f(x)=1$となります。

また、確率密度関数がBeta($\alpha$, $\beta$)分布に従うとき、その平均と分散は次のように表わせます。

$$E[X]=\frac{\alpha}{\alpha+\beta} \tag{37}$$

$$V[X]=\frac{\alpha\beta}{(\alpha+\beta)^2(\alpha+\beta+1)} \tag{38}$$

## 一様分布

最も単純な分布として**一様分布**（Uniform distribution）があります。この分布は一般に連続型で、確率変数$X$がある区間内でその起こる確率がすべて等しい分布をいいます。この分布の確率密度曲線は図16に例示するように、長方形の形状を示します。一様分布はUni(a,b)のように略して表せます。すなわち、$X$が区間[a,b]では0以外のある一定の確率をとり、それ以外の値では確率0となることを示します。Uni(0,1)はベイズ統計学で事前分布として使われます。

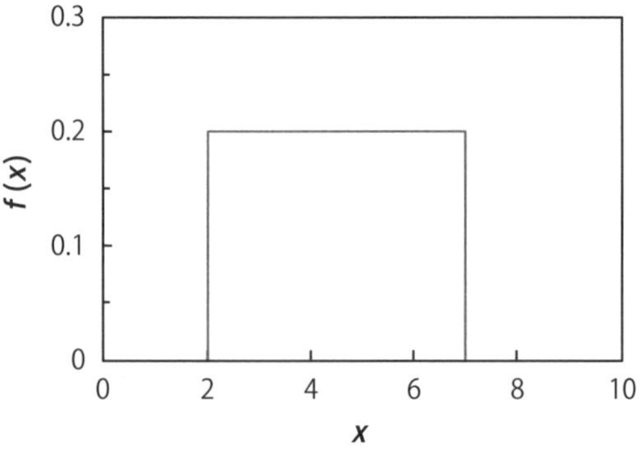


**図16** 一様分布 Uni (2,7)

一様分布Uni(a,b)を式で表すと次のように示されます。

$$f(x)=c \qquad (a \leq x \leq b) \tag{39}$$

$$f(x)=0 \qquad (x<a \quad \text{または} \quad b<x) \tag{40}$$

確率の総和（長方形の面積）は1なので、$c=1/(b-a)$が得られます。図16では$X$は区間[2,7]で$f(x)=1/(7-2)=1/5$の値をとります。

**クイズ 14**　一様分布Uni(2,11)における$f(x)=c$の値を求めなさい。

一様分布の平均と分散は次の式で表されます。

$$E[X]=\frac{a+b}{2} \tag{41}$$

$$V[X]=\frac{(b-a)^2}{2} \tag{42}$$

■ **参考** ■ 一様分布の平均と分散

一様分布の平均と分散は定義から次のように求められます。

$$E[X]=\int_a^b \frac{1}{b-a}xdx=\frac{1}{b-a}\left[\frac{x^2}{2}\right]_a^b=\frac{1}{b-a}\frac{b^2-a^2}{2}=\frac{a+b}{2}$$

$$V[X]=\int_a^b \frac{1}{b-a}x^2dx-(E[X])^2=\frac{1}{b-a}\left[\frac{x^3}{3}\right]_a^b-\left(\frac{a+b}{2}\right)^2$$
$$=\frac{a^2+ab+b^2}{3}-\frac{(a+b)^2}{4}=\frac{(b-a)^2}{12}$$

一様分布で確率変数が離散型の場合も考えられます。例えば、サイコロを1回振って出た目を確率変数$X$と考えると、$X$は1から6までの整数の値をとり、その起こる確率はすべて等しく$\frac{1}{6}$です。なお、確率変数が離散型の場合は平均と分散について上の式は成り立ちません。

## 三角分布

**三角分布**（Triangular distribution）はTriang$(a, b, c)$のように表せます。ここで最小値min$=a$, 最頻値mode$=b$, 最大値max$=c$です。すなわち、確率変数$x$が0以外のある確率を取り得る範囲は$a$と$c$の間であり、確率密度はこの範囲で$b$を最頻値（Mode）とする三角形の形状を示します。ここで、$a \leqq b$および$b \leqq c$です。図17にその例を示します。この三角形の面積は1ですから、頂点に相当する点での確率密度は$\frac{2}{(c-a)}$となります。

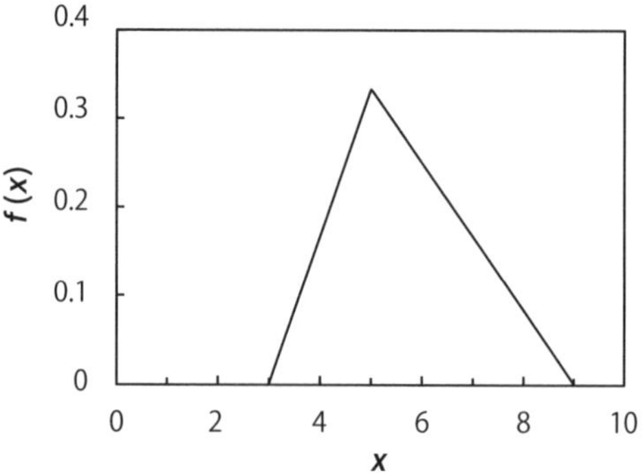


図 17 三角分布 Triang(3,5,9)

クイズ 15　Triang$(a, b, c)$におけるModeすなわち、$f(b)=2/(c-a)$を確かめなさい。

Triang$(a, b, c)$の平均$\mu$は次のように表わされます。

$$\mu=\frac{a+b+c}{3} \tag{43}$$

三角分布に理論的根拠はないのですが､3つのパラメーター値が決まれば、単純で使いやすいのでリスク解析にしばしば使われます。その概形からわかるように、特に大まかな推定をつかむための分布として使われます。このモデルでパラメーター$a$と$c$は変数の確率密度に大きな影響を与えます。一方で実際のデータでこの二つの値を推定するのは（外れ値がある場合などがあって）容易ではありません。

## PERT分布

**PERT分布**はTriang$(a, b, c)$と同じパラメーターmin$=a$, mode$=b$, max$=c$を必要とし、似た形状を示します。またベータ分布の1種でもあります。PERT分布の確率密度関数は次のように表わされます。

$$f(x)=\frac{(x-min)^{\alpha_1-1}(max-x)^{\alpha_2-1}}{B(\alpha_1,\ \alpha_2)(max-min)^{\alpha_1+\alpha_2-1}} \tag{44}$$

ここで　$\alpha_1=6\times\left(\frac{\mu-min}{max-min}\right)$　　$\alpha_2=6\times\left(\frac{max-\mu}{max-min}\right)$

ここで$\mu$は平均を表します。また、$B(\alpha_1, \alpha_2)$はBeta関数を表します。

図18に示す例のように、PERT分布では確率密度曲線が滑らかな曲線で表せます。参考として同じパラメーター値の三角分布も示してあります。

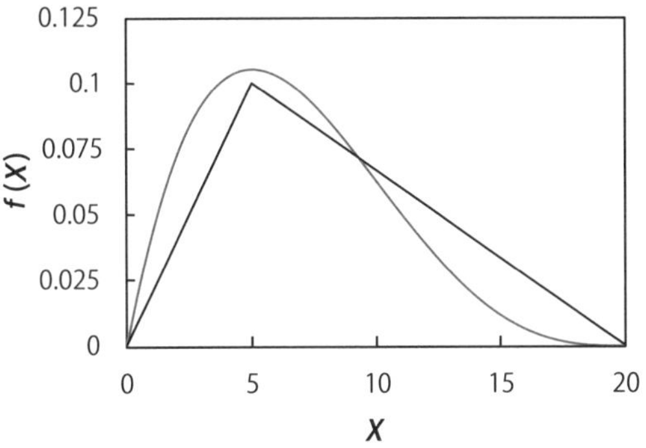


図18 PERT(0, 5, 20) Ex2−1 PERT

■ **参考** ■ Rによるベータ関数の求め方

ベータ関数$B(\alpha_1, \alpha_2)$は次に示すRのコードで求められます。つまり、1行目から4行目で各パラメーター値を確定し、5行目でベータ関数の値を求めます。エクセルにベータ関数はありません。

```
1  a<-0;b<-5;c<-20  #Beta function For PERT
2  myu<-(a+4*b+c)/6
3  alpha1<-6*(myu-a)/(c-a)
4  alpha2<-6*(c-myu)/(c-a)
5  b<-beta(alpha1,alpha2)
6  b
```

PERT分布の平均は次のように表わされます。

$$\mu = \frac{\min + 4 \times \mathrm{mode} + \max}{6} \tag{45}$$

この平均を三角分布の平均と比べると、minとmaxと比べてmodeの値が大きく寄与していることが分かります。三角分布ではminと maxに外れ値があった場合、大きく影響を受けると説明しましたが、PERT分布ではその点が改善されています。また、minとmaxの値を固定してmodeの値を変化させた場合、三角分布の標準偏差よりもPERT分布の方が小さいことが知られています。

# 2-5 まとめ

以上説明してきた確率変数が従う各種の確率分布の間の関連を示すと下の図19のようになります。ただし、一様分布と三角分布は除きます。

最も単純な確率分布はベルヌーイ分布です。これは試行を1回行なったとき、ある事象が起きる（成功）か起きないか（失敗）の2択しかなく、それぞれに確率変数にそれぞれ確率$p$と$1-p$を与えたものです。その試行を複数回行なって、対象とする事象がそのうち何回起きるかを表した分布が二項分布です。二項分布において、その試行回数$n$を多くすると、その極限として正規分布が考えられます。ただし、正規分布は連続型の分布です。さらに正規分布から対数正規分布が派生します。二項分布において$np$を一定にしたまま$p$を小さくしていくとその極限としてポアッソン分布があります。また、2択しかない事象について対象集団からある大きさのサンプルを非復元抽出し、その中にいくつ対象とする事象があるかについては超幾何分布が該当します。さらに、ある回数成功するまでの失敗の回数に関しては負の二項分布が該当します。二項分布は確率変数が2択ですが、3つ以上の選択肢をとる場合が多項分布です。また、二項分布の確率$p$はベータ分布で推定でき、PERT分布はベータ分布の1種です。さらに、ポアッソン分布の平均はガンマ分布で推定できます。また、ポアッソン分布で事象の起きる間隔は指数分布で表せ、指数分布はワイブル分布の1種です。このように、これまで示してきた代表的な確率分布をまとめると、最も基礎となる分布は二項分布であることが分かります。

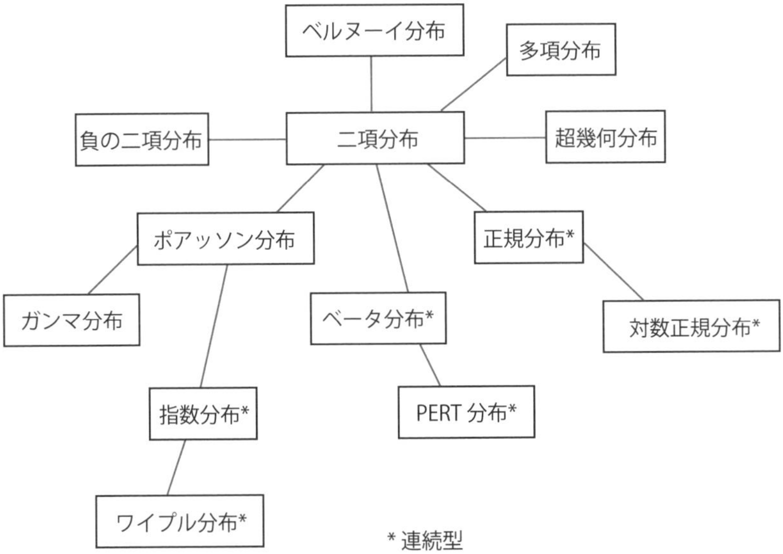


図19 代表的な確率分布の関連



**例題 6**

次の分布または事象に適用できる確率分布を下から選びなさい。

① 正20面体のサイコロを5回振って13の目が2回出る事象

② F工場で昨日製造された製品2000個の重量

③ E市で起きる1日当たりの交通事故死者数

④ ある病院で明日最初に生まれる子供が男子である事象

⑤ ある夫婦の3人の子供が全員女児である事象

⑥ H高校で無作為に選んだ生徒30人に尋ねた2択の調査結果

⑦ 女児を望む夫婦から初めて女児が生まれるまでに生まれる男児の数

| |
|---|
| ベルヌーイ分布、二項分布、正規分布、ポアッソン分布、負の二項分布、超幾何分布 |

**解答**

① 13の目が出る成功回数を考えるので、二項分布が適用できます。

② ほぼ均一な製品が生産されると考えられるので、ある値（平均）を中心とした正規分布が適用できます。

③ ある期間内での事象の数を考えるので、ポアッソン分布が適用できます。

④ 一人の子供に対して男女を考えるので、ベルヌーイ分布が適用できます。

⑤ 3人の子供に対してそれぞれ女児の生まれる事象を考えるので、二項分布が適用できます。

⑥ ある集団から一部のサンプルを取り出すので、超幾何分布が適用できます。

⑦ 女児が生まれる事象を成功と考えると、負の二項分布が適用できます。

**クイズ16** 次の分布または事象に適用できる確率分布を下から選びなさい。

① A県の中学2年生男子3,000人の身長

② 赤と白の玉が数多く入った箱から無作為に1個ずつ玉を取り出すとき、最初に白い玉を取り出すまでに取り出した赤い玉の数

③ 工場Aで昨日生産された製品G 4,000個中の不適合品の数

④ ある電車の車両内で全乗客40人中女性が13人である事象

⑤ Z氏に送られる1日当たりの電子メールの数

| |
|---|
| ベルヌーイ分布、二項分布、正規分布、ポアッソン分布、負の二項分布、超幾何分布 |

また、上記の確率分布の中で代表的な分布について、その平均と分散を表3にまとめました。リスク解析ではこれらを使って確率的に判断することが多くあります。

**表 3**　代表的な確率分布の平均と分散

| 分布 | パラメーター | 範囲 | 平均 | 分散 |
| --- | --- | --- | --- | --- |
| A. 連続分布 | | | | |
| 指数 | rate $=\frac{1}{\beta}$ | $0<x$ | $\beta$ | $\beta^2$ |
| 正規 | mean $=\mu$, sd $=\sigma$ | $-\infty<x<\infty$ | $\mu$ | $\sigma^2$ |
| 一様 | min $=a$, max $=b$ | $a<x<b$ | $\frac{a+b}{2}$ | $\frac{(b-a)^2}{12}$ |
| ベータ | shape1 $=\alpha$,<br>shape2 $=\beta$ | $0<x<1$ | $\frac{\alpha}{\alpha+\beta}$ | $\frac{\alpha\beta}{(\alpha+\beta)^2(\alpha+\beta+1)}$ |
| ガンマ | shape $=\alpha$, rate $=\lambda$ | $0<x$ | $\frac{\alpha}{\lambda}$ | $\frac{\alpha}{\lambda^2}$ |
| B. 離散分布 | | | | |
| ベルヌーイ | prob $=p$ | x=1 | $p$ | $p(1-p)$ |
| 二項 | size $=n$, prob $=p$ | x=0,1,2,.., $n$ | $np$ | $np(1-p)$ |
| 負の二項 | success $=k$,<br>prob $=p$ | x=0,1,2,.., $n$ | $\frac{k(1-p)}{p}$ | $\frac{k(1-p)}{p^2}$ |
| ポアッソン | mean $=\mu$ | x=0,1,2,.. | $\mu$ | $\mu$ |

# 第3章

# 標本と母集団

リスク解析ではその対象から取り出した標本を使って統計的処理を行ないます。本章ではその標本と対象となる母集団の関係について、基本的な事項を説明します。

# 3-1 標本と母集団

リスク解析は実際の実験や調査で得られたデータを用いて行われますが、一方で、そのデータから元の集団の特徴を統計学的に推測することができます。測定や調査、検査の対象となる集団を**母集団**（Population）とよびます。母集団を構成する要素を個体とよび、個体の数が有限の場合を有限母集団、無限の場合を無限母集団といいます。例えば、ある工場で製造される製品を対象とすると、その母集団は有限です。一方、サイコロを振ったとき出た目を対象とすると、無限回振ると考えれば無限母集団となります。

測定や調査を行う際に対象とする母集団を明確にしておくことが統計解析の前に必要です。すなわち、データがどのような集団から得られ、解析結果はどのような集団に当てはめるかを事前に確認しておく必要があります。例えば、製品Aのあるロットから取り出した50個の検査データを使ってそのロットを母集団として特徴を推定することは可能かもしれませんが、その年に作られた製品A全体を母集団としてその特徴を推定することは適切ではないでしょう。

対象とする集団の特性を調べるため、その集団中の個体全てについて測定、調査することを全数調査といいます。全数調査はB中学校の3年生を母集団とした場合のように個体数が少ない集団では可能ですが、全国の中学3年生を母集団とすると相当な労力と時間が必要です。一方、対象の集団から個体をいくつか取り出し、測定、調査によって得られたデータから元の集団の特性を推測する方法を**標本調査**といいます。実際にはほとんどの場合、標本調査が行われます。

その集団の特性（重量、濃度あるいは点数など）の値を推測するために同一条件下で実際に取り出されるものを**標本**または**サンプル**（Sample）といいます（図1）。サンプルは通常、**無作為に抽出**（Random sampling）されます。取り出されたサンプルは元の集団の一部ではありますが、必ずしも元の集団の特性をそのまま表しているわけではありません。すなわち、同じ集団でも取り出したサンプルの特徴がそのほかの個体と大きく異なっている可能性もありえます。そのため、対象集団からは複数のサンプルを取り出します。

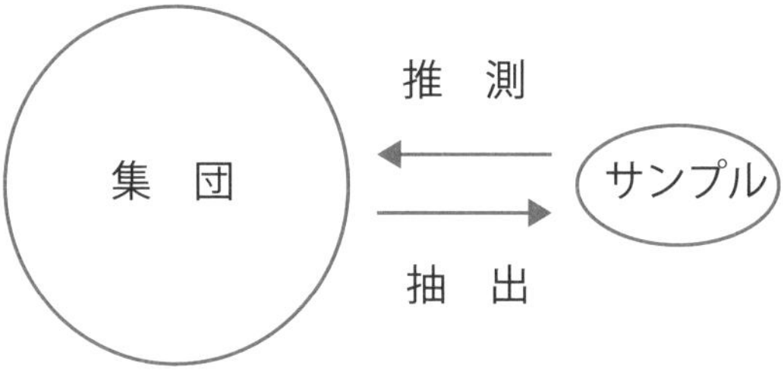


**図1　標本調査の考え方**

ある集団から抽出する（抜き取る）個体の数をサンプルの大きさ、すなわち**サンプルサイズ**（Sample size）といいます。大きさといっても調べる個体の量（重量、体積など）ではないので、注意して下さい。取り出したサンプルについて測定して得られたデータから、サンプルについての標本平均や標本分散が得られます。標本平均や標本分散のように標本から得られる指標を統計量とよびます。統計学では統計量を用いて元の集団の特徴を推測します。

# 3-2 計量データと計数データ

サンプルから得られるデータは計量データと計数データの2種類に分けられます。計量データは例えばサンプルの重量201.5gのように測定した数値として表わされます。一方、計数データとは例えば二つの選択肢の調査の結果287人中24人がYes、263人がNoであった、のように個体数として表されます。表1に両者をまとめました。ただし、計量データも例えば測定値を基準値で判定して基準値以上の個体が45個、基準値未満の個体が6個であったと最終的に判定する場合は、計数データになります。計量データから成る集団の特徴を示す指標（統計量）としては平均、分散などがあり、計数データから成る集団についてはYesとNoの比率があります。

表1　計量データと計数データ

| データの種類 | 計量 | 計数 |
|---|---|---|
| 求める手法 | 測定 | 数え上げ |
| 特徴 | （測定条件下での）連続した値 | 離散した値 |
| 例 | 重量、長さ、温度 | 交通事故数、不良品数、故障回数 |

# 3-3 中心極限定理

母集団は一般にそれ自体が平均と分散をもっており、それらをそれぞれ母平均、母分散といいます。これらはその集団から取り出した標本平均および標本分散とは区別されます。また、母集団の中である特徴（例えば有り/無し、陽性/陰性など）を持った個体の比率を母比率とよびます。母平均、母分散、母比率など母集団のもつ特性値を総称して**母数**あるいは**パラメーター**（Parameter）といいます。

サンプルから得た標本平均などの統計量から母集団のもつパラメーターの値を推定したいとき、**中心極限定理**（Central limit theory）とよばれる統計学で最も重要な定理の一つがあります。中心極限定理は「母集団がどんな分布であっても、それから取り出した標本の平均（あるいは和）は標本数を十分大きくしたとき正規分布に近づく」という定理です。

ここでのポイントは「標本平均」の作る分布だということです。標本平均の作る分布とは分かりにくい概念です。例えば、ある母集団から$n$個の標本$X_1$、$X_2$、・・・、$X_n$を無作為に取り出したとき、それらから標本平均$\overline{X}$が1つ得られます。ただし、$X_1$、$X_2$、・・・、$X_n$は互いに影響を及ぼしあわず、独立です。この操作を繰り返し多数行うと、標本平均$\overline{X}$の分布ができます。これをイメージした図が図2です。この図では母集団から無作為に5個ずつの標本を取り出しては測定するという試行の最初の3回行なった結果を示しています。この図には各試行での標本の値が示されています。試行Aでは{7, 9, 12, 8, 14}という結果が得られました。これらの結果から、各試行での標本平均が得られます。この図では標本平均A. 10, B. 11.4, C. 9が得られました。この試行を数多く続けると、標本平均の数は増え、1つの分布を示すことがわかります。

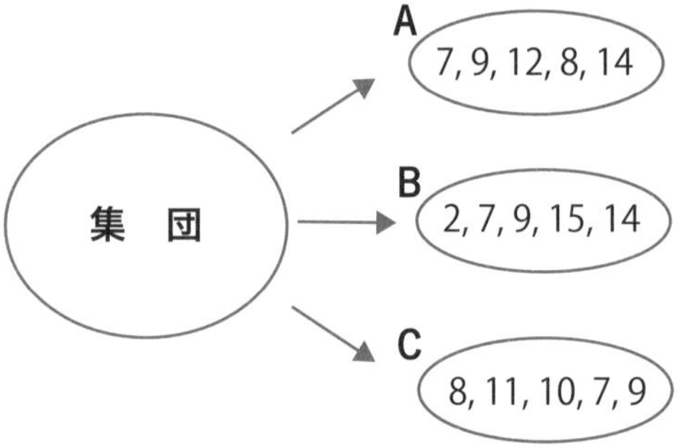


図2　母集団からの標本抽出

得られた標本平均$\overline{X}$の分布にはその平均と分散があります。それについて成り立つ定理が中心極限定理です。この定理をさらに詳細に表わすと次のようになります。

「母集団がどんな分布であっても、それから取り出した標本の平均$\overline{X}$の分布は$n$が大きくなるにつれて平均$\mu$、分散$\dfrac{\sigma^2}{n}$の正規分布に近づく」

ここで$n$は取り出すサンプルの個数（すなわちサンプルサイズ）、$\mu$および$\sigma^2$は母集団の平均と分散です。これを数式で表すと次のようになります。

(i)　標本平均の期待値は母平均に等しい。

$$E[\overline{X}] = \mu \tag{1}$$

(ii)　標本平均の分散は母分散を標本数$n$で割ったものに等しい。

$$E[(\overline{X} - \mu)^2] = \frac{\sigma^2}{n} \tag{2}$$

なお、分散は標本の値と母平均の差の2乗の平均ですから、式(2)の左辺のように表せます。

この(ii)「標本平均の分散は母分散を標本数$n$で割ったものに等しい」が直感的に分かりにくいので、シミュレーションで確かめてみましょう。例えば5種類の数値8, 9, 10, 11, 12からなる非常に大きな集団があり、ここから等確率（すなわち0.2）でランダムに1個のサンプルを取出すとします。このときの確率分布は図3に示すように各確率がすべて0.2の離散的な一様分布をしており、正規分布とは明らかに違うことが分かります。

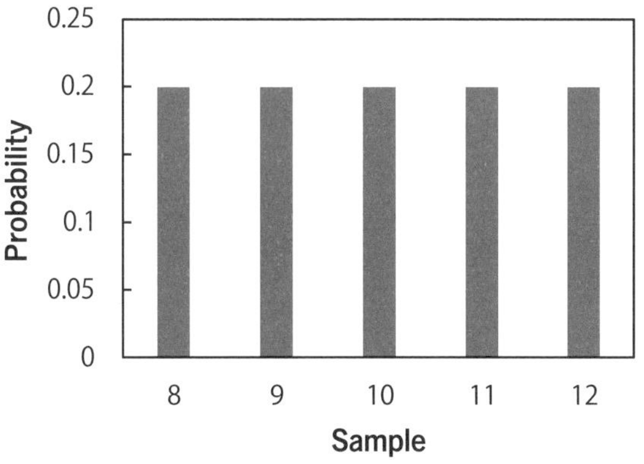


図3　等確率でサンプルを取出すときの確率分布



この集団から毎回4個の標本を無作為に取出してはその標本平均$\overline{x}$を得るという操作を数多く行なうとします。例えば、1回行った結果が、{8, 9, 8, 11}であったとすると、$\overline{x}=\dfrac{8+9+8+11}{4}=9$となります。こうして得られた$\overline{x}$の分布が本当に正規分布となるかを調べましょう。

まず、母集団の平均$\mu$は定義から$(8+9+10+11+12)\times\dfrac{1}{5}=10$となります。同様に、分散$\sigma^2$は定義から$(8^2+9^2+10^2+11^2+12^2)\times\dfrac{1}{5}-10^2=\dfrac{510}{5}-100=2$となります。ここで中心極限定理を適用すると、標本平均$\overline{x}$について期待値はそのまま10、分散は$n=4$より$\dfrac{2}{4}=0.5\fallingdotseq 0.707^2$が得られます。すなわち、$\overline{x}$は$N(10, 0.707^2)$に従うことが推定されます。

では、Rを使った数値シミュレーションでこれを確かめてみましょう。上記の集団から4個のサンプルをランダムに取出し、その平均を求める操作を50,000回行なった結果を図4に示します。この図に示されるように、その分布は最頻値10を中心に左右対称の正規分布に非常に近いことがわかります。なお、9、10、11付近のMean（平均）でデータがないように見えますが、これは作図上生じたすき間なので問題ありません。QQプロットという正規分布に従うかを調べる手法でもこのシミュレーション結果は正規分布に非常に近いことを示しました。

次に、このシミュレーション結果の平均と標準偏差を求めると、図4に示した結果では9.99…および0.706…と計算され、上述した中心極限定理による値10および0.707に非常に近いことがわかります。このシミュレーションでは$n=4$とサンプルサイズは小さいのですが、操作を50,000回という非常に多数回行うことで、この定理が成立することが示されました。

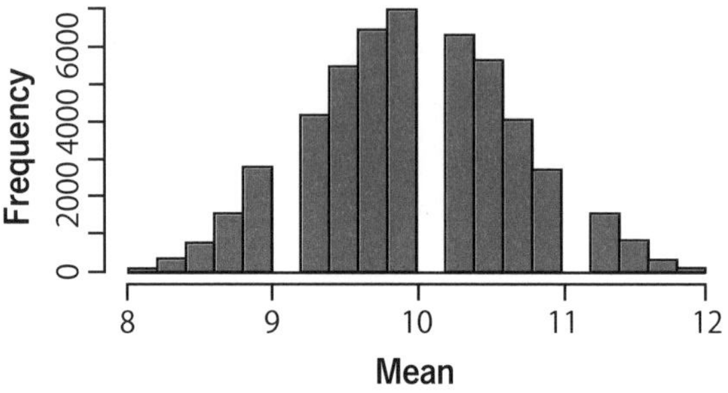


図4　中心極限定理シミュレーションによる標本平均の度数分布

■ **参考** ■ 中心極限定理シミュレーションのRコード

```
val<-c(8,9,10,11,12)        #CLT
prb<-c(0.2,0.2,0.2,0.2,0.2)
smp.means<-NULL
for(i in 1:50000){
  smp<-sample(x=val,prob = prb, size = 4, replace = TRUE)
  smp.means<-append(smp.means, mean(smp))
}
hist(smp.means, main = "", xlab = "Mean")
mean(smp.means)
sd(smp.means)
```

先に述べたように、中心極限定理はデータからサンプルを取り出してはその平均を求めるときに適用される定理です。この定理は実験、検査、調査などのいろいろな場面で現れます。例えばC県の納税者の年収がどのような分布をしていても、その納税者100人を取り出しては平均を求める操作を多数回行なうと、次の図5のようにのように、その平均年収は中心極限定理に従って正規分布に近づくと考えられます。

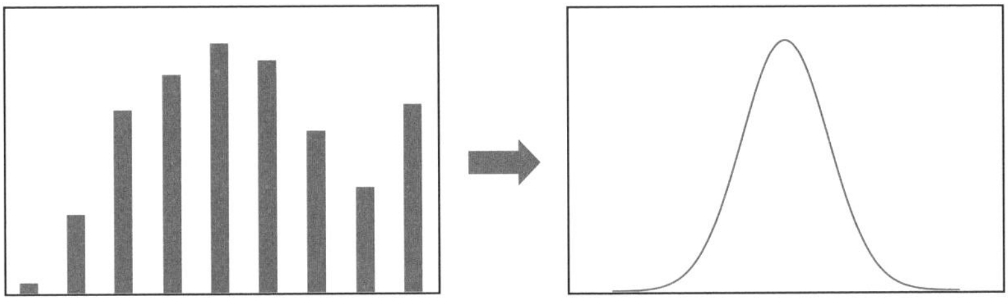

C県の年収分布　　C県の平均年収の分布

図5　中心極限定理の例（イメージ）



なお、「試行回数$n$を無限に増やすと、その標本平均は母平均に収束する（限りなく近づく）」ことを**大数の法則（特に弱法則）**(Law of large numbers)といいます。この法則をベルヌーイ分布に従う標本に適用すると、「ある試行回数$n$を無限に増やすと、その事象の起きる確率は母集団の比率に収束する（限りなく近づく）」とも表せます。

**クイズ1**　T工場である期間、製品Sについて毎日16個のサンプルを取り出し、重さ（g）を測ってはその平均を求める作業を続けました。その結果、その値は$N(850, 30)$に従っていました。この期間の製品Sを母集団としたとき、その重さの平均$\mu$と分散$\sigma^2$を推定しなさい。

# 3-4 最尤推定法

測定や調査では得られたデータから元となる集団の特徴をつかむため、平均などのパラメーターの値を推定することが多くあり、統計学的推定は重要な手法です。その中で特に**最《さい》尤《ゆう》推定法**（Maximum Likelihood Estimation）の考え方は重要で、後述するベイズ統計学の基礎となります。「尤」は尤《もっと》もらしいという意味で、英語のLikelihoodが当てはまります。最尤法は対象パラメーターがある分布に従うと考え、最も確率が高くなる値Modeを最も尤もらしいとする方法です。従って、最尤法で推定を行なうためには前章で説明した確率分布が必要です。最尤法を理解するために、次の例を考えます。

H市では月当たりの交通事故数の平均を推定するため、最近4か月間のデータをとると、それぞれ15, 11, 19, 17件でした。このデータから最尤法を使って月当たりの平均$\mu$を推定します。まず、月当たりの交通事故数にはどのような確率分布が適用できるかを考えると、決まった期間に起きる事象の数はポアッソン分布を適用できることが分かります。最尤法でその平均$\mu$を求めるには実際のデータに最も当てはまる、すなわち、起きる確率が最大の平均を求めます。

平均$\mu$を使って実際の4か月間の事故数となる確率$L$を求めます。平均$\mu$のポアッソン分布に従う事象が$x$回起こる確率$f(x)$は$f(x)=\dfrac{\mu^x}{x!}e^{-\mu}$で表されるため、$L$は次のようにポアッソン分布による4つの確率の積になります。

$$L(\mu)=e^{-\mu}\frac{\mu^{x_1}}{x_1!}\cdot e^{-\mu}\frac{\mu^{x_2}}{x_2!}\cdot e^{-\mu}\frac{\mu^{x_3}}{x_3!}\cdot e^{-\mu}\frac{\mu^{x_4}}{x_4!} \tag{3}$$

ここで、$x_1=15, x_2=11, x_3=19, x_4=17$です。

$L(\mu)$のように推定値を求めるための関数を**尤度関数**（Likelihood function）とよびます。この確率$L$を最大にする$\mu$が最尤法による推定値で、この値を**最尤推定量**といいます。最尤推定量を求める方法としては、(i)グラフからで求める方法と(ii)微分して求める方法が考えられます[注)]。

(i) グラフによる推定：関数$L(\mu)$はグラフに表すと図6に示す曲線を描き、$\mu$が15.5のとき最大となります。従って$\mu=15.5$が求める推定値となります。(なお、ExcelではVLOOKUP関数を使うと自動的に最大値を示す$\mu$の値を求められます。)

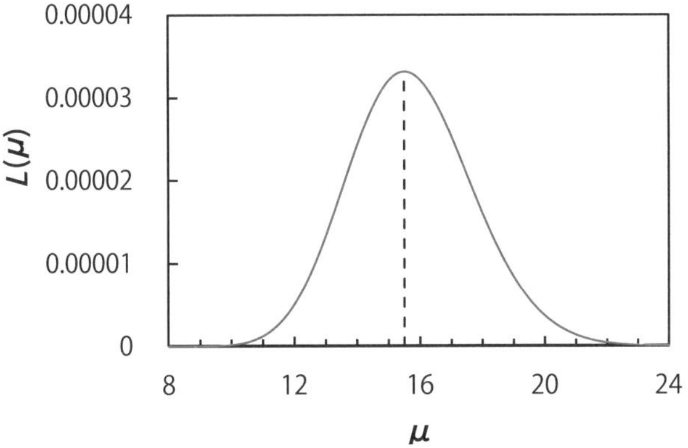


図6 交通事故数における尤度関数 Ex3-1 MLE

破線は最尤値の位置を示します。

(ii) 微分法による解法：式(3)を$\mu$で微分すると次の式のように表わせます。

$$\frac{dL}{d\mu}=\frac{L}{\mu}(-4\mu+x_1+x_2+x_3+x_4) \tag{4}$$

この式を0にする$\mu$の値は次のようになります。

$$\mu=\frac{1}{4}(x_1+x_2+x_3+x_4) \tag{5}$$

式(4)において表2に示す増減表を作ると$\mu$が式(5)のとき$L$の値は極大、つまりここでは最大となります。以上から、式(5)に数値を代入して得た$\mu=\dfrac{15+11+19+17}{4}=15.5$が最尤推定量となります。この例のように、尤度関数がポアッソン分布で表される場合、標本平均と最尤推定量は一致します。

注) 後述するソルバーという機能を用いた最適な数値を求める方法もありますが、ここでは割愛します。

**表 2**　尤度関数$L(n)$の増減表

| $\mu$ | | $\frac{1}{4}(x_1+x_2+x_3+x_4)$ | |
|---|---|---|---|
| $\frac{dL}{d\mu}$ | + | 0 | − |
| L | ↗ | 極大 | ↘ |

一方、グラフによる解析では変数（ここでは$\mu$）の値の間隔の影響を受けます。この間隔が小さいほど精度は良くなります。例えば、間隔が0.1よりも0.01の方が良い精度になります。

このように最尤法では通常は定数として扱っている平均$\mu$のようなパラメーターを変数として扱い推定します。この考え方は重要なので、もう1つ例を考えてみましょう。

例えば、あるサイコロを5回振った結果、出た目は$\{3, 4, 5, 1, 1\}$でした。このサイコロの1の目が出る確率$p$を最尤法で求めましょう（$0 \leqq p \leqq 1$）。この例ではベルヌーイ分布を適用できます。1回振って1以外の目が出る確率は$1-p$ですから、このような結果となる確率$L(p)$は5回の事象が起きる各確率の積として$L(p)=(1-p)(1-p)(1-p)pp=p^2(1-p)^3$と表せます。この$L(p)$が尤度関数で、この関数を最大とするような最尤推定量を求めます。このサイコロの例では尤度関数$L(p)$は図7のように描けます。$p=0.4$のときこの関数の値は最大となるので、この値が求める$p$の推定値となります。ここでは微分法による推定法は割愛しますが、余力のある人はトライしてください。

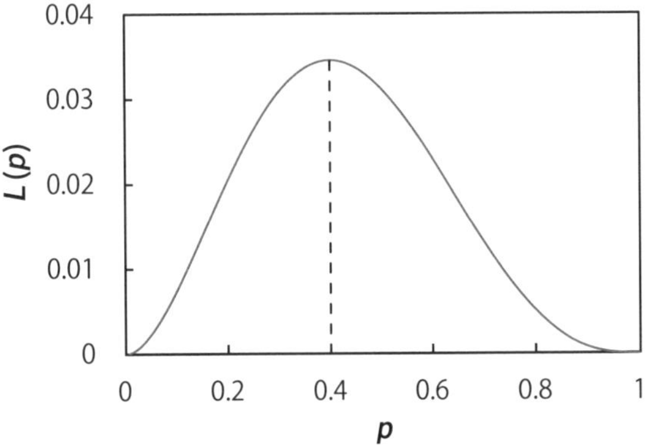


**図 7　サイコロにおける尤度関数**

破線は最尤値の位置を示します。

なお、この例で二項分布を適用しても解くことができ、尤度関数は$L(p) = {}_5C_2 p^2(1-p)^{5-2}$となりますが、計算すると$L(p) = 10p^2(1-p)^3$と表され、ベルヌーイ分布による尤度関数に係数10をかけた式になります。その曲線は図5と同じ形状を示すので、最尤推定量は同じく0.4となります。

**クイズ 2**　あるコインを6回トスした結果、表Hと裏Tは{H, T, T, H, H, H}のような結果になりました。このコインでHの出る確率$p$を最尤法で推定しなさい（$0 \leqq p \leqq 1$）。

# 第4章

# 統計学的解析手法

リスク解析には第7章から第10章で説明するように様々な統計学的解析手法を使います。本章ではそれらの中で代表的な手法である線形回帰分析、重回帰分析、ロジスティック回帰分析、最確数法について解説します。ただし、線形回帰分析、重回帰分析とロジスティック回帰分析とは同じ回帰分析という名前が付いていますが、考え方が大きく異なりますので、注意が必要です。

# 4-1 一般線形モデルと一般化線形モデル

実験や調査で得られたデータの統計学的な解析方法として統計モデルを用いた方法があります。その統計モデルには**一般線形モデル**（General linear model）と**一般化線形モデル**（Generalized linear model）があります。両者は非常に似た用語で間違いやすいのですが、一般線形モデルでは誤差、すなわち実測値とモデルによる推定値との誤差が正規分布に従うと仮定されています。一方、一般化線形モデルでは誤差が正規分布を含む二項分布やポアッソン分布などの確率分布も設定できるので、「一般化した（Generalized）」とよばれています。一般線形モデルは回帰分析をするとき通常、最小二乗法を使って係数の値を求めますが、一般化線形モデルでは最尤法を用いて求めます。この章で説明する線形回帰分析（単回帰分析および重回帰分析）は一般線形モデルに含まれ、ロジスティック回帰分析およびポアッソン回帰分析は一般化線形モデルに含まれます。

# 4-2 線形回帰分析

あるクラスの生徒の身長$y$(cm) とその父親の身長$x$(cm) のように一対となった (Paired) 2変数について、一方の変数の値から他方の変数の値を推定する方法を**回帰分析**といいます。特に両者に直線関係が認められるときは線形の回帰分析とよばれます。

例えば、あるクラスで6組の生徒の身長$y$(cm) とその父親の身長$x$(cm) を調べ、父親の身長の順に表した結果、次の表1に示す結果となりました。

**表 1** あるクラスでの生徒の身長$y$とその父親の身長$x$

| | | | | | | |
|---|---|---|---|---|---|---|
| x | 160 | 165 | 171 | 174 | 180 | 183 |
| y | 129 | 134 | 132 | 137 | 150 | 148 |

この$x$と$y$をグラフに表すと図1になります。この図から父親の身長が高いほど、生徒の身長も高くなる傾向がみられ、両者の間には破線で示すような直線関係があるようにみられます。この関係を表わす直線を**回帰直線** (Regression line) とよびます。

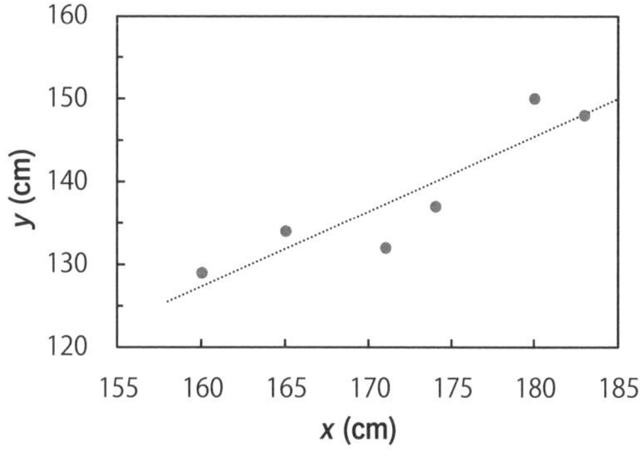


**図 1** 父親 $x$ の身長に対する生徒 $y$ の身長

破線は両者の関係を示すと考えられる直線を表わします。

回帰とは元に戻るという意味ですが、この例では父親から子供に対する関係を示しています。回帰直線が決まれば、父親の身長からクラスの子供の身長が推定できます。ここで、父親の身長を**独立変数**(または説明変数)、推定される子供の身長を**従属変数**（または目的変数）といいます。上の身長の例のようなある目的変数を1つの説明変数で表す回帰分析を単回帰といい、2つまたはそれ以上の説明変数（例えば父親の身長、母親の身長など）で表す回帰分析を**重回帰**といいます。単回帰でも説明変数の2次式あるいはべき乗で表わした場合もあります。

## 単回帰分析

次に、どのようにして回帰分析を行なうか、基本となる単回帰で線形の場合を説明します。データとして2つの変数$x$と$y$の組が$n$個あり、$y$が$x$による次の式(1)で近似的に表されるとします。パラメーター$a$と$b$はそれぞれ直線の傾きと$y$切片です。

$$y = ax + b \tag{1}$$

$x = x_i$での測定値$y_i$とこの回帰直線上の値$ax_i + b$の間には誤差が考えられます。この誤差を$e_i$とすると、$e_i$は次の式で表されます。

$$e_i = y_i - (ax_i + b) \tag{2}$$

生徒の身長$y$とその父親の身長$x$との例で誤差は図2のように表わされます。ここでは身長の最も低い父親から1, 2, 3, 4と番号をつけ、それに対応した誤差$e_i$を示しています。

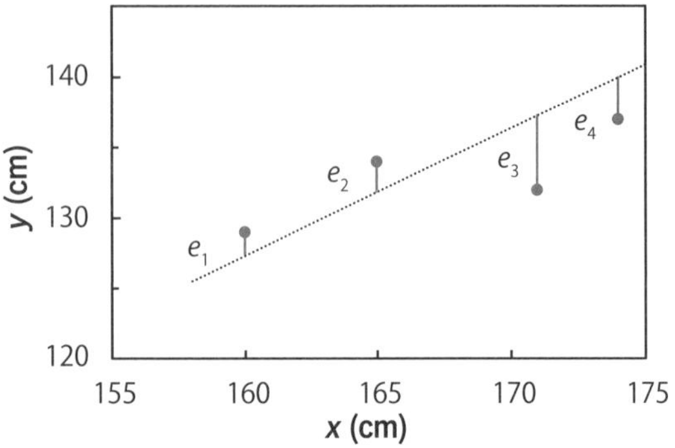


**図2　回帰直線と実測値との誤差**

図1の最初の4点に関する誤差を示しています。

この誤差は図2の$e_1$のように正の値の場合もあり、$e_3$のように負の値の場合もあります。一方、誤差の2乗は常に0以上の正の値ですから、その和$Q$を式(3)のように定義します。

$$Q=\sum_{i=2}^{n} e_i^2=e_1^2+e_2^2+\cdots+e_n^2 \tag{3}$$

この$Q(\geq 0)$を最小にするような$a$と$b$の値を求め、これらの値から回帰直線の式(1)を決めることができます。この方法を**最小二乗法**といいます。なお、この方法で誤差は測定点とそこから回帰直線に下した垂線の距離ではないので、注意して下さい。

### ■ 参考 ■ 回帰直線の求め方

$a$と$b$を求めるため、式(3)に式(2)を代入すると次の式になり、$Q$は変数$a$と$b$の関数となっています。

$$Q=\{y_1-(ax_1-b)\}^2+\{y_2-(ax_2-b)\}^2+\cdots+\{y_n-(ax_n-b)\}^2 \tag{4}$$

$Q$が最小となる$a$と$b$の値は、$Q$を$a$と$b$でそれぞれ偏微分した$\dfrac{\partial Q}{\partial a}$と$\dfrac{\partial Q}{\partial b}$がそれぞれ0となるようにして求めることができます。その詳細はここでは割愛します。

一方、$x$の標本平均$\overline{x}$と標本分散$s_x{}^2$および$y$の標本平均$\overline{y}$と共分散$s_{xy}$を使って、回帰直線を次の式(5)のように表すこともできます。

$$y=\frac{S_{xy}}{S_x^2}x+\left(\overline{y}-\frac{S_{xy}}{S_x^2}\overline{x}\right) \tag{5}$$

なお、共分散$s_{xy}$は次のように定義されます。

$$S_{xy}=\frac{1}{n}\sum_{i=1}^{n}(x_i-\overline{x})(y_i-\overline{y})$$

さらに標本相関係数$r\left(=\dfrac{S_{xy}}{S_xS_y}\right)$を使うと、式(5)は次の式のように表わせます。

$$y=\frac{S_y}{S_x}rx+\left(\overline{y}-\frac{S_y}{S_x}rx\right) \tag{6}$$

ここで、$S_x=\sqrt{\dfrac{1}{n}\sum_{i=1}^{n}(x_i-\overline{x})^2}$　$S_y=\sqrt{\dfrac{1}{n}\sum_{i=1}^{n}(y_i-\overline{y})^2}$です。

別の6組の親子の父親と子供の身長をプロットすると、図3のような結果が得られました。この例では図1と比べて父親の身長と子供の身長の間には明らかな直線関係はみられません。図3に示すように回帰直線を引いても父親の身長から子供の身長を推測することは無理があると考えられます。しかも回帰直線の傾きが小さいため、父親の身長に差があっても子供の身長にはほとんど差がありません。

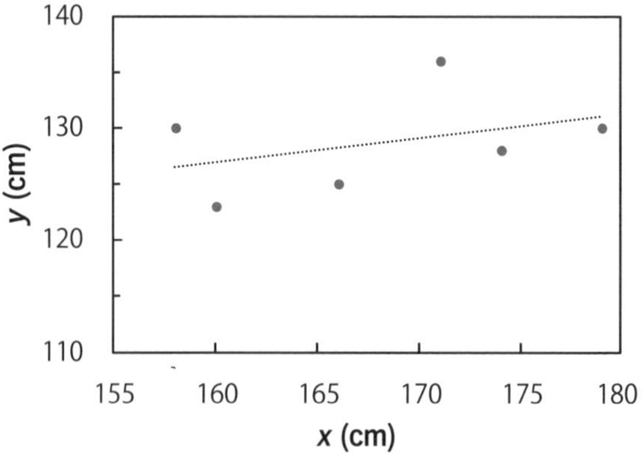


図3　別の6組の親子の父親の身長 $x$ と子供の身長 $y$

点線は回帰直線を表します。

したがって、回帰直線がどの程度従属（または目的）変数を表わす能力があるかを知っておく必要があります。その指標となるのが**決定係数**$R^2$です。決定係数は式(6)の標本相関係数$r$の2乗に等しく、0以上1以下の値をとります。決定係数は1に近いほど目的変数を表わす能力があると考えられます。図1と3の決定係数はそれぞれ0.909と0.150で、図1の回帰直線の方が目的変数を表す能力が高いといえます。

■ **参考** ■　Excelによる単回帰分析の手順

①「近似曲線のオプション」と②「回帰分析」による方法があります。

①「近似曲線のオプション」では最初にシート上で父親と子供の身長のデータを列方向にそれぞれ入力します。それら2列をカーソルで指定後、「挿入」—「散布図」を使ってグラフを作ります。次に「グラフツール」—「レイアウト」—「近似曲線」と進み、「近似曲線のオプション」

で線形近似を選択し、回帰式と決定係数（ここでは相関係数Rの2乗値）を表示させます。

②Excelの「回帰分析」では詳細な解析結果が得られます。①と同様にシート上にデータを列方向に入力後、全データをカーソルで指定します。次に「データ」、「データ分析」の順にクリックし、「回帰分析」を指定し、ダイアローグパネルにセル範囲などを入力します。

単回帰分析の結果、下の図4のように回帰直線とその式および決定係数が表示されます。

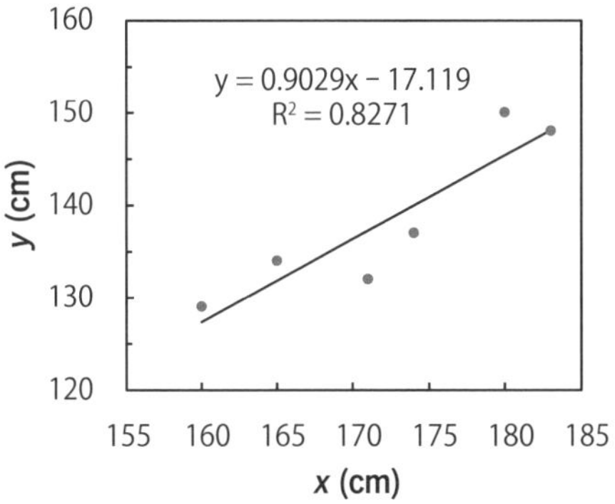


図4　回帰直線と決定係数

また、Excelによる回帰分析の結果、以下のような「概要」が出力されます。

### 表2　回帰分析の概要

| 回帰統計 | |
|---|---|
| 重相関 R | 0.909473 |
| 重決定 R2 | **0.827142** |
| 補正 R2 | 0.783928 |
| 標準誤差 | 4.038102 |
| 観測数 | 6 |

分散分析表

| | 自由度 | 変動 | 分散 | 観測された分散比 | 有意 F |
|---|---|---|---|---|---|
| 回帰 | 1 | 312.1083 | 312.1083 | 19.14038437 | 0.011922 |
| 残差 | 4 | 65.22508 | 16.30627 | | |
| 合計 | 5 | 377.3333 | | | |

| | 係数 | 標準誤差 | t | P-値 | 下限 95% | 上限 95% | 下限 95.0% | 上限 95.0% |
|---|---|---|---|---|---|---|---|---|
| 切片 | **-17.1189** | 35.57037 | -0.48127 | **0.655469785** | -115.878 | 81.64034 | -115.878 | 81.64034 |
| X 値 1 | **0.902917** | 0.206382 | 4.374972 | **0.01192164** | 0.329908 | 1.475926 | 0.329908 | 1.475926 |

「重決定R2」が決定係数を、「切片」が式(1)の切片$b$を、「X値1」が傾き$a$を表しています。「切片」と「X値1」の「P－値」(p値)は0.655…および0.0119…であり、「切片」での値がかなり大きいことが分かります。「切片」の標準誤差も大きく、上限95%と下限95%の範囲も0をまたいで非常に広くなっています。しかし、この結果から「切片」の値を採用しないわけではありません。なお、「係数」を「標準誤差」で割った値が「t」の値です。

■ **参考** ■ Rによる単回帰分析の手順

まず表1のデータファイルをExcel上で作ります。各組のデータを列(縦)方向に入力し、csv形式で保存しておきます。次に単回帰分析を行なうコードを下に示します。

```
1  test.data<-read.csv("G:/R statistics/R1.4 height-1.csv")  #Corr Height"
2  Father<-test.data$Father
3  Child<-test.data$Child
4  test.reg<-lm(Child~Father,data = test.data)
5  summary(test.reg)
```

4行目のlm()が線形回帰分析を指示する部分で、Childが従属変数、Fatherが独立変数です。

Rによる解析結果を次の表に示します。Excelと同じ結果が得られます。表中央部のEstimateの(Intercept)が切片を、Fatherが傾きを、Pr (>|t|)が各p値を示し、下部のMultiple R－squaredが決定係数を示します。

```
Call:
lm(formula = Child ~ Father, data = test.data)

Residuals:
      1       2       3       4       5       6 
 1.6522  2.1376 -5.2799 -2.9887  4.5938 -0.1149 

Coefficients:
            Estimate Std. Error t value Pr(>|t|)  
(Intercept) -17.1189    35.5704  -0.481   0.6555  
Father        0.9029     0.2064   4.375   0.0119 *
---
Signif. codes:  
0 ‘***’ 0.001 ‘**’ 0.01 ‘*’ 0.05 ‘.’ 0.1 ‘ ’ 1

Residual standard error: 4.038 on 4 degrees of freedom
Multiple R-squared:  0.8271,	Adjusted R-squared:  0.7839 
F-statistic: 19.14 on 1 and 4 DF,  p-value: 0.01192
```

■ 参考 ■ p値

p値とは対象とする変数を0と仮定したとき、得られた値以上（負の場合はそれ以下）に極端な値が現れる確率のことです。観測された有意水準ともよばれ、有用な情報となります。p値が決めた有意水準（例えば0.05）よりも小さい場合、0であるという帰無仮説を棄却するための根拠となります。逆にp値が大きい場合は帰無仮説を棄却しないための根拠となります。ただし、同一の2集団でも取り出すサンプルサイズによってp値は変化するので、過信しないように注意してください。

次に、身長の例で回帰直線の信頼度95%の**信頼区間**（Confidence interval）を描くと、次の図5のようになります。中央部でくびれた帯状の区間を示します。

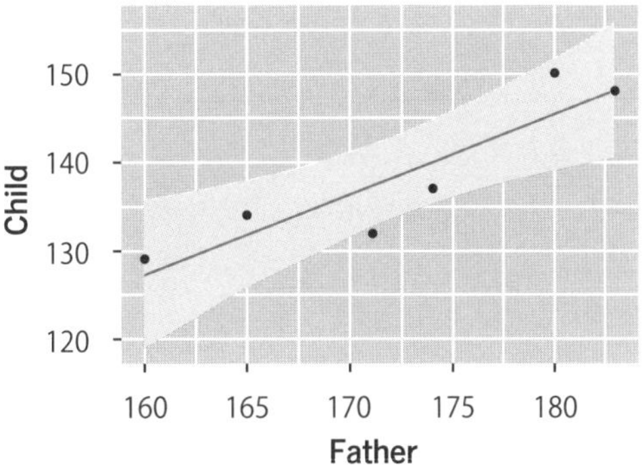


図5　回帰直線とその95%信頼区間

実測値は点、回帰直線は青い線、信頼区間は帯状部分として示されています。

■ 参考 ■ 信頼区間の考え方

信頼度95%の信頼区間は図5の帯状の部分で、例えば父親の身長が175cmのとき信頼区間の上限と下限が示されます。この例で対象集団をその生徒の属する学年全体とすると、図5の信頼区間はこの学年の生徒からランダムにサンプリングした6組のデータから推定されたものです。信頼度95%の信頼区間とは対象集団からランダムにサンプリングして推定した100個の信頼区間のうち、95個は学年全体による真の回帰式からの値（例えば父親の身長が175cmのときの生徒の身長）を含む区間であることを示します。信頼度はその比率を表します。限られた数のデータから真の回帰式を推定する場合、ランダム性を考慮してこのような信頼区間という考え方をします。

対象集団の母平均$\mu$の95%信頼区間も同様に、対象集団からランダムにサンプリングして推定した100個の信頼区間のうち95個はその区間内に$\mu$を含むという意味です。得られた信頼区間に$\mu$が95%の確率で存在する意味ではありません。一方、$\mu$を確率変数とする最尤法およびベイズ統計学では例えば確率90%での$\mu$の存在区間を推定できます。

**クイズ1** あるクラスの生徒の身長$y$とその母親の身長$x$を測定した結果、次の表のようになりました。Excel等を使って独立変数$x$の従属変数$y$に対する直線回帰式および決定係数を求めなさい。

| | | | | | | |
|---|---|---|---|---|---|---|
| $x$(cm) | 157 | 168 | 171 | 160 | 155 | 150 |
| $y$(cm) | 133 | 135 | 140 | 129 | 130 | 125 |

単回帰分析では線形以外に指数、対数などによる回帰分析または近似もできます。これらの回帰分析は一般線形モデルに入ります。(Excelでは「近似曲線のオプション」を使って各種の回帰分析ができます。)上述した子供の身長を父親の身長の指数関数及び2次関数で近似すると、次の図6のような結果となり、決定係数が上述した線形解析の値0.8271よりもすべて高い値になります。どのような回帰分析手法を選べばよいかは決定係数のような指標だけで決めるのではなく、各手法のもつ考え方を考慮して総合的に判断する必要があります。

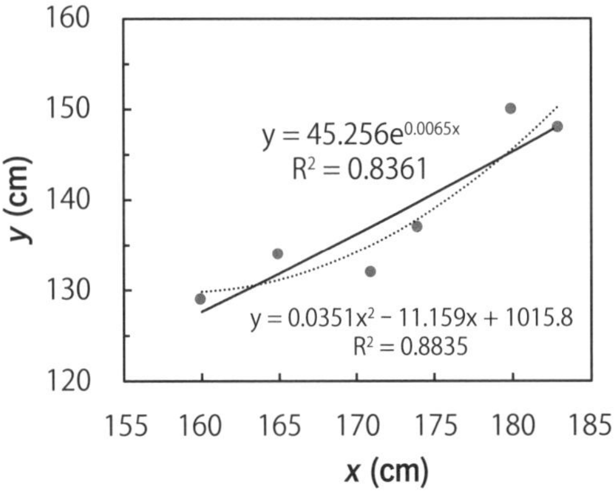


図6　指数関数および2次関数による回帰分析結果

実線は指数関数、点線は2次関数を使った場合の結果を示します。また、上方の回帰式と決定係数は指数関数、下方の回帰式と決定係数は2次関数による結果を示します。

## 重回帰分析

重回帰分析は、ある一つの従属変数を複数の独立変数で表すときに用います。例として、前述した生徒の身長$y$を母親の身長$x$と父親の身長$z$の2つの要因で表わす場合を考えると、回帰式として次の式が考えられます。

$$y = cx + dz + e \tag{7}$$

ここで$c$、$d$、$e$はそれぞれ係数です。各係数の値は単回帰分析と同様に最小二乗法で求められます。

例えば、あるクラスの父母と生徒6組の身長（cm）を測った結果、次の表3になりました。父母の身長から子供の身長を重回帰分析で推定しましょう。そのために式(7)において実測値と推測値の偏差の2乗和が最小となるように係数$c$、$d$、$e$の値を求めます。

表3　あるクラスの父母と生徒6組の身長（cm）

| 母 | 父 | 生徒 |
|---|---|---|
| 150 | 167 | 118 |
| 151 | 170 | 126 |
| 162 | 172 | 138 |
| 158 | 169 | 130 |
| 160 | 173 | 133 |
| 163 | 179 | 135 |

■ **参考** ■ Excelによる重回帰分析の手順

表3のデータをExcelの「データ分析」機能を使って重回帰分析します。そのために「データ分析」から「回帰分析」に進み、現れたダイアログボックスにデータを入力します。ここで、入力X範囲は父親と母親のデータ2列分を指定します。

重回帰分析の結果、各種の分析結果が表として示されます。「概要」の表には決定係数$R^2$ 0.873と表されます。「分散分析表」には下に示すように、切片（係数$e$)、X値1（係数$c$)、X値2（係数$d$）の値が表されます。各係数について、p値、さらに95%信頼区間も示されます。この例では特に切片とX値2のp値が高くなっています。

**表4** Excelによる重回帰分析結果（「分散分析表」の一部）

| | 係数 | 標準誤差 | t | P-値 | 下限 95% | 上限 95% |
|---|---|---|---|---|---|---|
| 切片 | -54.9843 | 61.234683 | -0.8979 | 0.4353965 | -249.8604 | 139.89177 |
| X 値 1 | 1.235447 | 0.4155116 | 2.97331 | 0.0589115 | -0.086897 | 2.55779 |
| X 値 2 | -0.05471 | 0.5541476 | -0.0987 | 0.9275754 | -1.818259 | 1.7088306 |

■ **参考** ■ Rによる重回帰分析の手順

表2を基にデータファイルを作り、csv形式で“R1.4 height－2”のファイルネームを付けて保存します。Rの回帰分析コードは次のようになります。5行目のMother＋Fatherが重回帰分析の独立変数です。

なお、5行目の変数をMother＋Fatherから
Mother×Father＋Mother＋Fatherという説明変数の積（交互作用）を加えたモデルにしても回帰分析できます。余力のある方はトライしてください。

```
1 test.data<-read.csv("G:/R statistics/R1.4 height-2.csv") #Cor Height"
2 Mother<-test.data$Mother
3 Father<-test.data$Father
4 Child<-test.data$Child
5 test.reg<-lm(Child~Mother+Father,data = test.data)
6 summary(test.reg)
```

Rを使って重回帰分析を行なうと、次の表5のようにExcelと同じ結果が得られます。

表5　Rによる重回帰分析結果

```
Call:
lm(formula = Child ~ Mother + Father, data = test.data)

Residuals:
      1       2       3       4       5       6 
-3.1954  3.7333  2.2528 -0.9695 -0.2216 -1.5996 

Coefficients:
             Estimate Std. Error t value Pr(>|t|)  
(Intercept) -54.98432   61.23468  -0.898   0.4354  
Mother        1.23545    0.41551   2.973   0.0589 .
Father       -0.05471    0.55415  -0.099   0.9276  
---
Signif. codes:  0 ‘***’ 0.001 ‘**’ 0.01 ‘*’ 0.05 ‘.’ 0.1 ‘ ’ 1

Residual standard error: 3.305 on 3 degrees of freedom
Multiple R-squared:  0.873,	Adjusted R-squared:  0.7883 
F-statistic: 10.31 on 2 and 3 DF,  p-value: 0.04527
```

得られた係数の値および父親と母親の身長データを式(7)に代入すると、子供の身長が推定できます。その推定値を測定値と比べると、図7のように両者は非常によく一致し、すべての点が等量線近くに位置しています。この決定係数は上述したように0.873です。

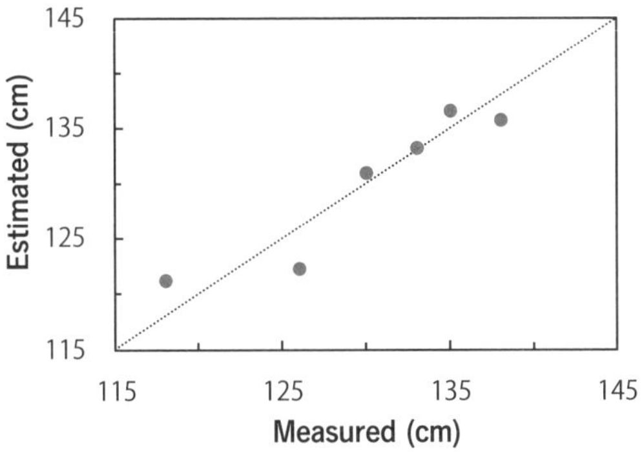


図7　子供の身長の測定値と回帰分析による推定値

点線は等量線（測定値と推測値が一致する線）を示します。

# 4-3 ロジスティック回帰分析

**ロジスティック回帰分析**（Logistic regression analysis）は各種条件下で得た定性データ、すなわち計数データを使って、新たな条件で陽性（または陰性）となる比率、つまり確率を推測できます。ロジスティック回帰分析は二項分布を確率分布として用いた方法で一般化線形モデルによる方法の一つです。

例えば、微生物Ａの増殖に及ぼす温度の影響を栄養分が豊富な液体中で実験しました。その結果、液体の温度が32－40℃では微生物Ａにとって良好な条件であり、10回実験を行なって10回増殖しました。温度が低くなるに従い、増殖する確率は次第に減少しました。温度が4℃以下では10回実験しても全く増殖しませんでした。このような各種温度に対する微生物Ａの増殖確率をロジスティック回帰を用いて分析し、新しい条件での確率を予測してみます。

ある温度条件下で陽性、ここでは増殖となる確率を$p$とすると（$0 \leqq p \leqq 1$）、陰性となる確率は$1-p$です。この両者の比率$\frac{p}{1-p}$を**オッズ**といいます。式(8)に表すようにこのオッズの自然対数lnをとった変数$z$を**ロジット**(logit)**関数**とよびます。

$$z = logit(p) = \ln\left(\frac{p}{1-p}\right) \tag{8}$$

この式を確率$p$について解いた式を**ロジスティック関数**といい、次の式で表されます。

$$p = \frac{1}{1+\exp(-z)} \tag{9}$$

一方、式(8)の変数$z$は対象とする環境要因を使って線形の形で表せます。上の例での要因は温度Tですから、次の線形の式で$z$を表すことができます。この式(10)の左辺を線形子といいます。ここで$a_1$と$a_2$はパラメーターです。

$$z = a_1 T + a_2 \tag{10}$$

同じ条件のサンプル$n$個中$x$個が陽性となる事象は二項分布に従うと考え、その確率を$P$とすると、$P$は次の式で表されます。微生物の例では$n=10$です。

$$P = {}_n\mathrm{C}_x p^x (1-p)^{n-x} \tag{11}$$

この式の陽性確率$p$を確率変数とし、各種条件における試料の確率$P$の積（尤度関数）が最大となるように、つまり最尤法を用いて$a_1$と$a_2$の値を求めます。これらの値が決まると、各種条件（この例では温度）での確率を予測できます。

この例では各種温度で10回ずつの増殖実験を行い、増殖した場合を1、非増殖の場合を0として表し、得られたデータに対してロジスティック回帰分析を行うと、図8に示すように温度に対する微生物Aの増殖確率が曲線として表されます。このデータに関して測定した確率と推定した確率とがよく一致していることが分かります。さらに、この曲線からある温度での増殖確率及びある増殖確率のときの温度が推定できます。例えば温度18℃での増殖確率は0.63と推定できます。逆に、例えば増殖確率が0.5となる温度も16.4℃と推定できます。このようにして温度と微生物Aの増殖に関する情報が得られます。

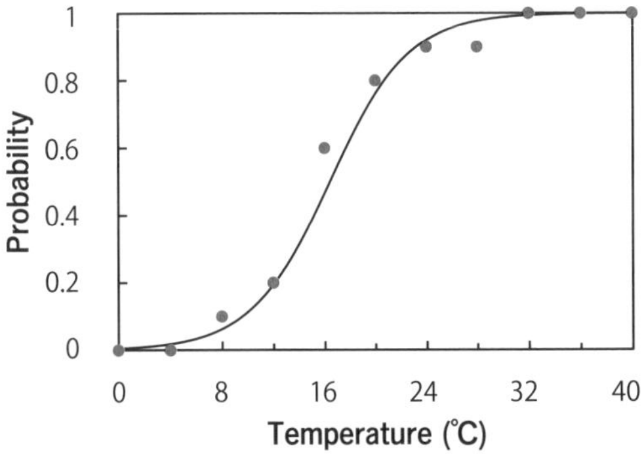


**図8 ロジスティック回帰分析による微生物Aの増殖確率**

青い丸は測定値、曲線はロジスティック回帰分析による推定を示します。

■ **参考** ■ Excelを使ったロジスティック回帰分析の手順

図9に示すように、A列ではデータごとに1を、B列には温度を、C列には結果、つまり増殖であれば1、非増殖であれば0を入力します。D列では温度の値とパラメーター($a_1$と$a_2$)を使って$z$の値を計算します。E列ではD列の値を使って確率$p$を計算します。F列では陽性となる確率（尤度Likelihood）を二項分布BINOM.DIST関数を使って計算します。最尤法で全確率の積が最大になるようなパラメーターを求めるため、各確率の自然対数lnをとり（G列)、その総和Sumを最小になるようにします。最後に、ソルバーを使って総和を最小にする係数（$a_1$と$a_2$）を求めます。

Excelを使った解析の結果、図9に示すように$a_1=0.318$と$a_2=-5.21$が得られ、モデルの適合度を示す**赤池情報量基準**（Akaike Information Criteria, AIC）は54.6です。得られたパラメーターの最適値と温度の値から、その温度での増殖確率が計算されます。

| | A | B | C | D | E | F | G | H |
|---|---|---|---|---|---|---|---|---|
| 1 | **Logistic regression analysis** | | | | | | | |
| 2 | | | | | | | | |
| 3 | | | $z = a_1T + a_2$ | | | | | |
| 4 | | | | | | | Sum | -25.298 |
| 5 | | | $a_1$ | $a_2$ | | | AIC= | **54.5968** |
| 6 | | | **0.318** | **-5.21** | | | | |
| 7 | | | | | | | | SQ:Sum |
| 8 | | | | | | | | 7.69097 |
| 9 | N | Temp | Positive | z | p | likelihood | ln | meas P |
| 10 | 1 | 40 | 1 | 7.525 | 0.999 | 0.99946 | -0.0005 | 2.9E-07 |
| 11 | 1 | 40 | 1 | 7.525 | 0.999 | 0.99946 | -0.0005 | 2.9E-07 |
| 12 | 1 | 40 | 1 | 7.525 | 0.999 | 0.99946 | -0.0005 | 2.9E-07 |
| 13 | 1 | 40 | 1 | 7.525 | 0.999 | 0.99946 | -0.0005 | 2.9E-07 |
| 14 | 1 | 40 | 1 | 7.525 | 0.999 | 0.99946 | -0.0005 | 2.9E-07 |
| 15 | 1 | 40 | 1 | 7.525 | 0.999 | 0.99946 | -0.0005 | 2.9E-07 |

図9 ロジスティック回帰分析による分析 Ex4-1 Logistic Regr

■ **参考** ■ Rを使ったロジスティック回帰分析の手順

最初にデータファイルを作成します。ここではディレクトリーGのR statisticsというフォルダーにR1.4 tempという名前で作成しています。

データファイルのA列に温度、B列に判定結果を増殖であれば1、非増殖であれば0として記載します。

次にRコードを次のように示します。

```
df<-read.csv("G:/R statistics/R1.4 temp.csv")
dg<-subset(df,gng=="1")
dng<-subset(df,gng=="0")
fit<-glm(gng~Temp,family=binomial, data=df)
summary(fit)
```

Rによるロジスティック回帰モデルによる解析結果を表6に示します。中央部の(Intercept) とTempの推定値EstimateからExcelと同じ$a_1$、$a_2$およびAICの値が得られます。推定した$a_1$、$a_2$の値に対するp値も得られ、共に非常に小さい値となっていて、信頼性が高いことが分かります。

**表 6**　Rによるロジスティック回帰分析結果

```
Call:
glm(formula = gng ~ Temp, family = binomial, data = df, control = list(maxit = 9))

Deviance Residuals:
     Min        1Q    Median        3Q       Max
-2.73057  -0.36668   0.06206   0.26817   1.79666

Coefficients:
            Estimate Std. Error z value Pr(>|z|)
(Intercept) -5.21373    1.15269  -4.523 6.09e-06 ***
Temp         0.31848    0.06625   4.807 1.53e-06 ***
---
Signif. codes:  0 ‘***’ 0.001 ‘**’ 0.01 ‘*’ 0.05 ‘.’ 0.1 ‘ ’ 1

(Dispersion parameter for binomial family taken to be 1)

    Null deviance: 130.684  on 99  degrees of freedom
Residual deviance:  50.597  on 98  degrees of freedom
AIC: 54.597

Number of Fisher Scoring iterations: 7
```

**■ 参考 ■ AIC**

統計モデルの適合度を示す指標としてAICがあり、複数の統計モデルから最適なモデルを選択するために国際的に広く使われています。$AIC$ (>0) は次のように定義されます。

$$AIC = -2\times(\text{最大対数尤度}) + 2\times(\text{パラメーター数}) \tag{12}$$

つまり、次で説明する逸脱度に2×(パラメーター数) を加えた値です。上の例では図9に示すように最大対数尤度 (Sum) は−25.3、パラメーター数は2ですから、$AIC=54.6$と計算されます。AICが小さいモデルほど、そのデータに適していると判定されます。データとの適合度は最大対数尤度が直接関係しますが、適合度が良くても使うパラメーター数が多いほど、AICの値は大きくなります。AICは正しい（真の）統計モデルを求めるための指標ではないので、注意する必要があります。

■ **参考** ■ 逸脱度

逸脱度Deviance, $D$はモデルによる当てはまりの悪さを示す指標で、$D=-2\times$(最大対数尤度) と定義されます。上の例では図8に示すSumが最大対数尤度なので、$D=-2\times(-25.3)=50.6$です。

Rによって表6下段に示すように2つの逸脱度、すなわちナル逸脱度(Null deviance)と残差逸脱度(Residual deviance)の値が得られます。ナル逸脱度（ここでは130.684）はナルモデル（例えば式⑽で切片$a_2$しかないモデル）による逸脱度とフルモデル（実測値とすべて等しい値を示す実際にはないモデル）による逸脱度の差を示します。また、残差逸脱度（ここでは50.597）は対象モデルによる逸脱度とフルモデルによる逸脱度の差を示します。この残差逸脱度が小さいほど、実測値と予測値が近く、適したモデルとなります。

さらに、ロジスティック回帰分析において要因の数が増した場合、変数$z$は多項式からなる線形子を使って表わします。線形とは通常1次式を指しますが、ここでは2次の項も含めて考えてみましょう。例えば微生物Aについて温度（4−40℃）と食塩濃度（2.5−15%）の2つを組み合わせた条件で実験した結果をロジスティック回帰分析します。温度について2次の項$T^2$や食塩濃度と温度の相互作用の項$ST$を考えると次の表に示すような様々なモデル（線形子）が考えられます。ここでは4つのモデルを示します。ただし、$a_{ij}$はパラメーターを示します。この表に示すように、4つのモデルのAICを比較すると、$z_1$のモデルが最も小さく、この中では最適であることが分かります。ロジスティック回帰モデルのような一般化線形モデルはこのようにAICを用いてモデルの選択ができます。一方、ここで示したように、統計モデルは自然科学で用いる理論に基づいたモデルとは異なることが、分かると思います。

**表 7**　ロジスティック回帰分析に対する各種の線形子モデル

| モデル | $AIC$ |
| --- | --- |
| $z_1 = a_{11}T^2 + a_{12}ST + a_{13}S + a_{14}T + a_{15}$ | 439.8 |
| $z_2 = a_{21}S^2 + a_{22}ST + a_{23}S + a_{24}T + a_{25}$ | 440.2 |
| $z_3 = a_{31}ST + a_{32}S + a_{33}T + a_{34}$ | 442.0 |
| $z_4 = a_{41}S + a_{42}T + a_{43}$ | 455.9 |

式$z_1$のモデルでデータを回帰分析して得られたパラメーター値から、微生物Aの各種温度と食塩濃度における増殖確率を予測した概要を図10に示します。図の右下の条件になるほど、増殖確率が高くなることが示されています。個別の温度と食塩濃度の条件で増殖確率のロジスティック回帰分析による予測値と実測値がよく一致することは、例えば黄色ブドウ球菌という細菌を使って明らかにされています[1)−3)]。

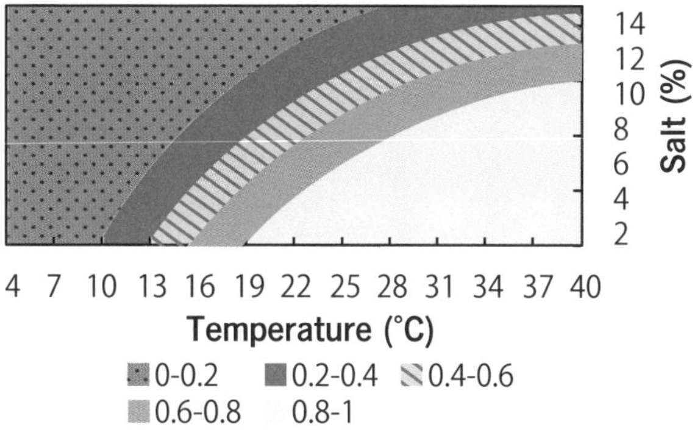


**図 10**　ロジスティック回帰分析による各種の温度（Temperature）と食塩濃度（Salt）における微生物 A の増殖予測確率

# 4-4 一般化線形モデルによる回帰分析

ここまでロジスティック回帰モデルを使って計数データの分析方法を解説しましたが、一般化線形モデルによる回帰分析は(i)適用する統計モデル、(ii) 実際の環境条件を示すパラメーターとその条件を示す独立変数からなる線形式（線形予測子）、(iii) 統計モデルと線形予測子を連結するリンク関数の3つの要素から構成されます。。

ロジスティック回帰分析では二項分布が統計モデルで、成功確率$p$を対象の変数とし、ロジット関数がリンク関数になります。(ii) で「線形」予測子とよばれていますが、表7に示したように独立変数の2乗、3乗、あるいは独立変数同士の積の項を用いたモデルも考えられます。また、(iii) のリンク関数はロジスティック回帰分析ではロジット関数を使いますが、リンク関数による変換なしに回帰分析することもできます。

一般化線形モデルにはポアッソン回帰モデルもよく知られています。これはデータが0以上の正の整数である場合に使われます。

ここで、一般化線形モデルを理解するため、一つのデータについて最小二乗法を使った一般線形回帰分析と一般化線形モデルによる回帰分析を比較してみましょう。ここでは複数の確率分布モデルを使って、次の表に表される6組のデータから独立変数$x$で従属変数$y$を線形回帰分析してみます。

| | | | | | | |
|---|---|---|---|---|---|---|
| $x_i$ | 1 | 2 | 3 | 4 | 5 | 6 |
| $y_i$ | 1 | 4 | 5 | 10 | 13 | 20 |

## ポアッソン分布（リンク関数なし）

ポアッソン分布のパラメーターである平均$\mu$を変数$x_i$に適用して次の回帰直線式（つまり線形子）の値$b$が得られるとき、対応する変数$y_i$の値となる確率を求めます。

$$b_i = a_1 x_i + a_2 \tag{13}$$

ここで$i$=1,2,3…,6です。ここでは$b_i$を別の関数に変換せずに（リンク関数なしに）そのまま尤度を求めてみます。つまり、各iに対してポアッソン分布を使って推定した確率を乗じた全確率（尤度関数）が最大となる直線の傾き$a_1$と切片$a_2$を求めます。

その手順は図11に示すように、Likelihoodで$x$と$y$の値の各組に対してポアッソン分布で実現する確率を計算し、lnでその自然対数を求めます。各対数尤度の総和がTotalに示され、これを最小となるような$a_1$と$a_2$を求めます。例えばExcelのソルバーを使うと、図にあるような$a_1$と$a_2$の最適値が得られます。この値を使って回帰直線が描けます。

| | | | | | |
|---|---|---|---|---|---|
| Linear regression analysis | | | | | |
| Poisson dist | | | | | |
| | | $a_1$ | 3.2045135 | | |
| | | $a_2$ | -2.382469 | Total | -11.7881 |
| | | | | | |
| $x_i$ | $y_i$ | | Like lihood | ln | Reg(Pois) |
| 1 | 1 | | 0.361315 | -1.01801 | 0.822044 |
| 2 | 4 | | 0.1953497 | -1.63296 | 4.026558 |
| 3 | 5 | | 0.1192388 | -2.12663 | 7.231071 |
| 4 | 10 | | 0.1239618 | -2.08778 | 10.43559 |
| 5 | 13 | | 0.1082749 | -2.22308 | 13.6401 |
| 6 | 20 | | 0.0672316 | -2.69961 | 16.84461 |

図11 ポアッソン分布を用いた線形回帰分析 Ex4-2 Pois-Regr

## ポアッソン分布（リンク関数あり）

先ほどはリンク関数なしにそのまま尤度を求めましたが、ここでは$b_i$を指数変換した次の変数$c_i$について尤度を求めます。

$$c_i = \exp(a_1 x_i + a_2) \tag{14}$$

この式の対数をとると $\log c_i = a_1 x_i + a_2$となるので、この場合、対数がリンク関数です。その後は上と同様に最大対数尤度から2つのパラメーター値を得ます。

## 正規分布

正規分布を一般化線形モデルとして用いることもできます。ただし、そのパラメーターである平均$\mu$と分散$\sigma^2$をどのように設定するかという課題があります。ここでは解説のため、平均$\mu$を線形回帰式(13)で表し、分散$\sigma^2$は測定値$y_i$に等しいと仮定して各確率を求めてみます。その他の手順は上と同じです。また、線形子を1次式から次のように2次式にしたモデルも考えられます。

$$b_i = a_1 x_i^2 + a_2 x_i + a_3 \tag{15}$$

3つの方法による解析の結果、上記のデータに対してAICは順に27.6、27.4、27.4となり、どれもほぼ同じ適合度です。なお、正規分布で式(15)の線形子を使ったモデルではAICが28.4となり、やや高い値を示します。各モデルで得られた2つのパラメーター値から回帰直線を描くと次の図12に示すようになります。このデータでは回帰直線Reg（Pois）とReg(Nor）はお互いにほとんど相違はなく、最小二乗法による回帰直線ともあまり変わらない結果となります。一方、リンク関数を用いたReg(Pois－link）では変換に使った指数関数に従う下に凸の回帰曲線が得られます。

ただし、データによっては一般化線形モデルによる回帰直線と一般線形モデル（最小二乗法）による回帰直線とがかなり異なることもあります。

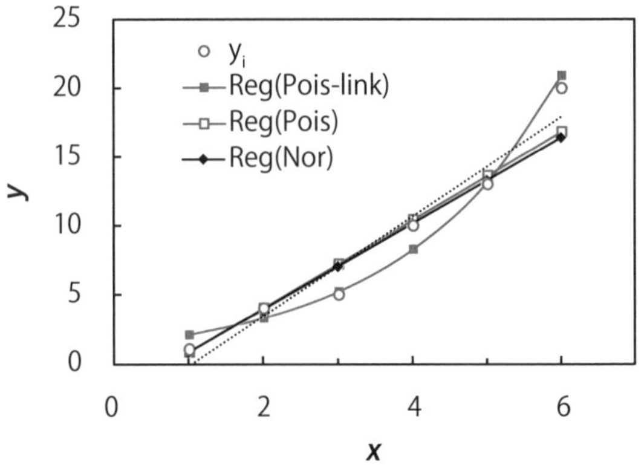


図12 一般化線形モデルによる線形回帰分析

$y_i$は実測値を、点線は最小二乗法による回帰直線を示します。

# 4-5 最確数法

## 最確数法の原理

**最確数**（Most Probable Number, MPN）法とは食品や医薬品などのサンプルについて低濃度の微生物（細菌）汚染濃度を確率的に推定する手法です。最確数法は最尤法の1種であり、ポアッソン分布と二項分布をうまく組み合わせて作られた手法です。

サンプルの細菌濃度は通常、次のようにして測定します。まず計量したサンプルを希釈、混和し、その液体（乳剤）を一定量、寒天平板上に塗ります。培養後、増殖したコロニーを数えます。それを模式的に表わした図が図13です。この図では31個のコロニーがカウントされます。コロニー数の単位はCFU (colony forming unit) が使われます。例えばサンプルを重量で100倍に希釈した乳剤0.1 mlを用いた結果、コロニーカウントが31 CFUであったとすると、元のサンプル中の細菌濃度は$\frac{31}{0.1}\times 100 = 31000 = 3.1\times 10^4$ (CFU/g) となります。ただし、乳剤の密度は1g/mlとします。

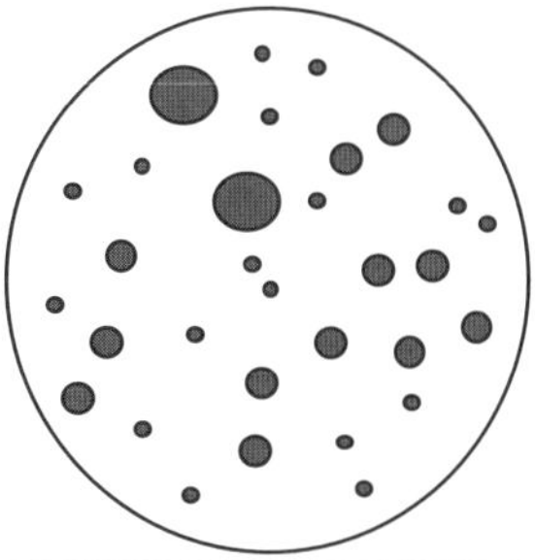

図13 寒天平板上の細菌コロニー

一方、サンプルの微生物濃度が低い場合は平板上のコロニー数も非常に少ないか0個のため、正確に算定できません。このような場合、最確数法が使われます。最確数法ではある体積中のサンプルに1個でも生きた対象微生物が存在すれば培養中に増殖して検査が陽性となると考えます。従って、対象が微生物でなくとも検出できる検査法ができていれば、この方法は適用できます。ここでは大腸菌濃度を推定する場合を説明します。

その操作はまずサンプルが固形の場合は9倍量の希釈液を加え、十分に混和して10%乳剤を作成します。次にサンプル10ml、1ml、0.1ml（場合によっては更に0.01ml）を選択性のある（大腸菌だけが増殖できる）液体培地が入った複数の試験管（5本あるいは3本ずつ）に接種します。培養後、微生物試験を行なって各試験管に対象微生物が存在するか否かを判定します。その結果、例えば図14のようにサンプル10ml、1ml、0.1mlを接種した場合の陽性試験管数がそれぞれ5本中5、2、0本のように得られます。この組み合わせから最確数表を用いて最確数を求めます。最確数は通常100ml（または100g）当たりの推定微生物数として表されます。死滅した大腸菌は当然増殖できないのでこの方法では測定されません。

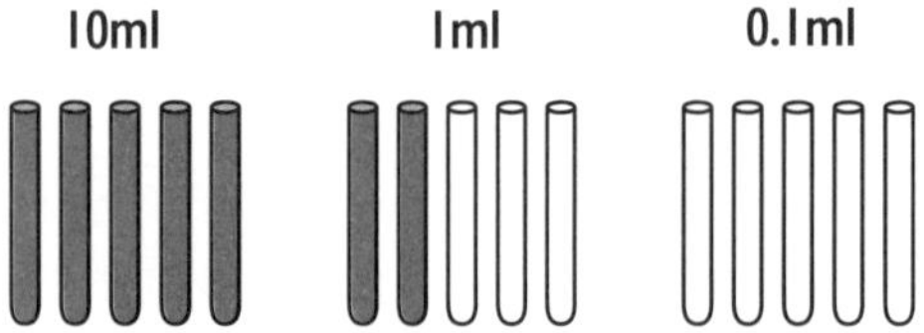


図14 MPN法での微生物試験結果

培養液の入った各試験官に10%乳剤を5本ずつ10ml、1mlおよび0.1ml接種したときの試験結果を示します。色で塗られた試験管は陽性を示します。

最確数法にはいくつかの方法がありますが、ここではde Manによる最尤法に基づいた方法を説明します[4),5)]。すなわち、決められた量のサンプル中に対象微生物が存在する場合、その濃度はポアッソン分布に従うと考えられます。そこで、濃度（ポアッソン分布の平均）を$\mu$(cell/gまたはcell/ml）とし、その試験管に入れたサンプル量（gまたはml）を$a$とすると、その試験管に対象微生物が$r$個の細胞が存在する確率$f(r)$は次の式で表わされます。

$$f(r)=\frac{(\mu\times a)^r}{r!}\exp(-\mu\times a) \tag{15}$$

このとき、試験管に対象微生物が存在しない確率は、この式に$r=0$を代入して$f(0)=\exp(-\mu a)$です。したがって、その試験管に対象微生物が

1個以上存在する確率は、1から$f(0)$を引いて$1-\exp(-\mu a)$となります。

各試験管は陽性か陰性かの結果しかないので、希釈段階$i$で総試験管数$n_i$の中で陽性試験管数が$x_i$となる事象は二項分布に従い、その確率$p_i$は式(16)で表されます。

$$p_i = {}_{n_i}\mathrm{C}_{x_i}[1-\exp(-\mu\times a_i)]^{x_i}[\exp(-\mu\times a_i)]^{n_i-x_i} \tag{16}$$

$n_i$は通常3あるいは5（本）です。

さらに全希釈段階で、ある陽性試験管数の組み合わせとなる確率$P$は各希釈段階での確率$p_i$の積ですから、次のように表されます。

$$P = \prod_{i=1}^{m} {}_{n_i}\mathrm{C}_{x_i}[1-\exp(-\mu\times a_i)]^{x_i}[\exp(-\mu\times a_i)]^{n_i-x_i} \tag{17}$$

ここでΠは積を示します。$m$は連続した希釈段階の数を表わし、通常3です。

この確率$P$は各希釈段階$i$での陽性試験管数$x_i$及びその試料の微生物濃度$\mu$の関数と考えられます。微生物試験結果から陽性試験管数$x_i$が得られると確率$P$は$\mu$に関する尤度関数となり、最尤法により最も高い確率を与える$\mu$が求める推定濃度、すなわち最確数 MPNとなります。

例として3段階希釈5本法でMPNを考えてみましょう。各試験管にあるサンプルの10%乳剤を10ml（1g）、1ml（0.1g）および0.1ml（0.01g）を試験管5本ずつに接種しました。微生物検査の結果、先ほどの図13に示すように陽性試験管数が順に5−2−0となりました。このとき、式(17)より濃度$\mu$に対する確率$P$を表わすと図15のような曲線が表わされます。

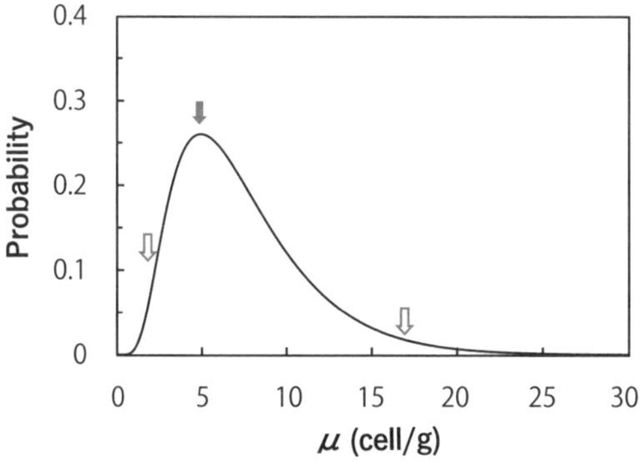


図15 MPN法における確率$P$の分布曲線

矢印（青色）は確率が最大の値を示す。矢印（白色）は確率がそれぞれ片側2.5%の位置を示します。

この図に示すように微生物濃度$\mu$が4.9すなわち5 cells/gのときが最大の確率を示すため、この濃度がMPNとなります。アメリカ食品医薬品局Food and Drug Administration（FDA）では別の方法でMPNを推定するソフトウェアプログラムを公開していますが、この推定値はそれと同じ値を示します[6)]。

微生物濃度$\mu$が95%のようなある確率で存在する区間はどのように推定できるでしょうか。上述したように平均の信頼区間はある確率で平均が存在する区間ではありません。一方、最尤法では直接、存在する区間を求められます。最確数法の例で確率密度関数の全確率は1ですから、図15に示す曲線と$x$軸で囲まれた山型の部分の面積は1と考えます。従って、存在区間が95%の場合、微生物濃度が0から確率を積算していき、その和が全体のそれぞれ2.5%と97.5%となる濃度がその区間に相当します。図15では95%存在区間は2本の白い矢印の間の区間、2.2から17.2、すなわち2から17の区間となります。De Manによる最確数法ではこのように確率分布から区間を求めますが、その区間は解析方法によってやや値が異なります。前述のFDAで公表しているプログラムによる存在区間は1.5から15.8、すなわち2から16の間となります[6)]。

なお、確率変数がある確率で存在する区間をベイズ統計学では**確信区間**（Credible interval）といいます。De ManによるMPNの信頼区間は正確には確信区間ですが､以前から信頼区間という用語を使っていましたので、現在でもこの術語が使われています。

以上説明した方法によるMPNとその95%信頼区間の推定法は、筆者が一般ユーザー用に開発したExcelプログラムがあります[7)]。一方、FDAのソフトウェアはインターネットから無償でダウンロードできます[6)]。

## 最確数法の応用

① 定性的試験からの微生物濃度推定

食品や医薬品の微生物学的定性試験では一定量のサンプルについてサルモネラなど特定の微生物の有無を調べますが、実際の製品サンプルでは汚染濃度が低いため定性試験が陽性となることは稀です。その場合、あるロットでの汚染濃度を推定するため、サンプルから一定量を複数取り出し、それぞれについて定性的な微生物学試験を行ない、得られた陽性数からロット中の微生物濃度を最確数法を基にした方法で推定することができます。

すなわち、対象検査ロットから$n$個のサンプルを無作為に取り出し、そこから分析用にそれぞれ一定量$a$（g/個またはml/個）を取り出して微生物試験を行なった結果、$x$個が陽性となったとします。最確数法で説明したように、1個の製品に対象微生物が存在する確率はポアッソン分布に従います。また$n$個中$x$個が陽性となる確率は二項分布に従うと考えられます。ただし、ここで希釈濃度は最確数法で1段階、すなわち$i=1$です。従って図14で説明した方法を用いて、陽性数からそのロットの微生物濃度とその95%存在区間も推定できます。この方法でサンプルサイズ$n$を5，10，20のように適宜変えることができます。

このようにして、表8のような推定値が得られます。この表は分析サンプル量（Aliquot）が10gと25gについてサンプルサイズ$n$個中で$x$個が陽性の場合の推定濃度を示します。この表を用いると、例えば下線を引いた$a=25$g/個で$n=20$個中、陽性数が$x=9$個であった場合、表8最右列の中央部にある推定濃度2 cells/100g（下線部中央の値）が得られます。またその95%存在区間は2から4 cells/100g（下線部両側の値）と推定できます。

**表 8**　定性微生物試験データからの推定微生物濃度とその95%存在区間[8)]

なお、各数値の前後の数値はそれぞれ2.5%と97.5%の存在区間を示します。単位：cells/100 g. ND：決定不能.

| Aliquot (g) | | 10 | | | 25 | | |
|---|---|---|---|---|---|---|---|
| | *n* | 5 | 10 | 20 | 5 | 10 | 20 |
| *x* | 0 | 0-0-6 | 0-0-2 | 0-0-0 | 0-0-1 | 0-0-0 | 0-0-0 |
| | 1 | 1-2-12 | 1-1-5 | 1-1-2 | 1-1-4 | 1-1-1 | 1-1-1 |
| | 2 | 2-5-18 | 1-2-7 | 1-1-3 | 1-2-7 | 1-1-2 | 1-1-1 |
| | 3 | 3-9-28 | 1-4-10 | 1-2-4 | 1-4-11 | 1-1-3 | 1-1-1 |
| | 4 | 7-16-52 | 2-5-12 | 1-2-5 | 3-6-20 | 1-2-4 | 1-1-1 |
| | 5 | ND | 3-7-16 | 1-3-6 | ND | 1-3-6 | 1-1-1 |
| | 6 | | 4-9-20 | 2-4-7 | | 2-4-7 | 1-1-2 |
| | 7 | | 6-12-26 | 2-4-8 | | 2-5-10 | 1-2-3 |
| | 8 | | 8-16-36 | 3-5-9 | | 3-6-14 | 1-2-3 |
| | 9 | | 12-23-59 | 3-6-11 | | 5-9-23 | 1-2-4 |
| | 10 | | ND | 4-7-12 | | ND | 2-3-4 |
| | 11 | | | 5-8-14 | | | 2-3-4 |
| | 12 | | | 5-9-16 | | | 2-4-5 |
| | 13 | | | 6-11-18 | | | 3-4-6 |
| | 14 | | | 7-12-20 | | | 3-5-7 |
| | 15 | | | 8-14-23 | | | 3-6-9 |
| | 16 | | | 10-16-28 | | | 4-6-10 |
| | 17 | | | 12-19-33 | | | 5-8-12 |
| | 18 | | | 14-23-43 | | | 6-9-15 |
| | 19 | | | 18-30-65 | | | 7-12-23 |
| | 20 | | | ND | | | ND |

実際に乳児用粉ミルク中に接種したサルモネラをこの方法でその濃度を推定すると、接種濃度から推定した値と良い一致がみられました[8)]。

### ②　殺菌工程での生残菌濃度推定

缶詰やレトルト容器に包装した食品を加熱殺菌する工程で、対象微生物の死滅速度すなわちD値（生残菌数が1桁減少するのに必要な時間）を求めることは、その加熱工程を評価し、製品の安全及び品質を確保する上で非常に重要です。D値を求めるには2つの主な方法があります。1つは食品に対象微生物を接種して容器に入れ、ある加熱時間後、食品中に生残した微生物数を培養したコロニー数を測定して求める方法です[9)]。もう1つは確率論に基づいた方法です。この方法も二項分布とポアッソン分布を組み合わせた解析法であるので、ここで説明します。

まず、対象微生物を接種し、包装した複数のサンプル（缶詰食品など）をある時間加熱処理後、そのサンプルをそのまま微生物増殖に適した温度で保存します。次にそのサンプル中の微生物汚染の有無を検査し、いくつのサンプルで対象微生物が陰性となったかで生残菌濃度を推定する方法です。この方法では全サンプル中の陰性サンプル数から生残菌濃度を確率的に推定します。この方法は最初HavorsoとZieglerが開発し、その後Stumboが缶詰等を汚染する耐熱性細菌（芽胞菌）に対して加熱処理後の生残数を推定するために応用した方法です[10)]。

その推定は次のように行ないます。対象微生物を接種した食品を封入した同一ロットのサンプル$n$個（容量$a$ ml/個）をある時間加熱処理後、検査した結果、対象微生物陰性のサンプルが$q$個であったとします。サンプル中の生残菌濃度を$s$(1/ml）とし、$s$はポアッソン分布に従うと考えると、そのサンプルに生残数が0である確率は$\exp(-sa)$ですから、陰性数が$n$個中$q$個となる確率$p$は次の式⒃で表されます。

$$p = {}_{n}\mathrm{C}_{n-q}[1-\exp(-sa)]^{n-q}[\exp(-sa)]^{q} \tag{16}$$

最尤法によってこの確率$p$が最大となる$s$を求めればよいことになります。そこで、この確率の自然対数をとり、それを$z$とします。また$y = \exp(-sa)$とします。ただし、$0<y<1$です。このとき$z$は次の式で表されます。

$$z = \ln({}_{n}\mathrm{C}_{n-q}) + (n-q)\ln(1-y) + q\ln y \tag{17}$$

次に、$z$を$y$で微分すると、次の式が得られます。

$$\frac{\delta z}{\delta y} = -\frac{n-q}{1-y} + \frac{q}{y} \tag{18}$$

この式の値を0とする$y$の値が増減表より$z$を最大にします。その値を求めると$y = \frac{q}{n}$となります。すなわち、$\exp(-sa) = \frac{q}{n}$のとき、$z$が最大となります。この両辺の自然対数をとると、$-sa = \ln\frac{q}{n}$が得られ、さらに常用対数をとって整理すると$s$(1/ml）の推定値が式⒆として得られます。

$$s = \frac{2.303}{a}\log\frac{n}{q} \tag{19}$$

実際にこの式を適用すると、例えば容量10ml/個のサンプル20個をある時間加熱処理し、その後培養試験をした結果、微生物の生残が認められたサンプルが7個あったとします。このとき生残した微生物濃度を求めると、陰性サンプル数は13個ですから、$s = \frac{2.303}{10}\log\frac{20}{13} = 0.043(1/\mathrm{ml})$と推定されます。

なお、この試験結果に①で解説した方法を適用すると、表7を使って4（1/100 ml）＝0.04（1/ml）と推定されます。①の方法では小数点以下を四捨五入して整数で表しているため、両者の値は等しいといえます。

この方法を異なる加熱時間で処理したサンプルでの生残菌濃度推定に使うと、各加熱時間での生残菌濃度が求まります。これらの結果からD値が計算され、最終的に缶詰、レトルト食品の加熱処理条件が求められます。

**クイズ2** 耐熱芽胞菌をある濃度で接種した食品材料を缶詰に封入し（300 g/個）、その缶詰20個をある時間加熱処理しました。その後、その缶詰に微生物検査を行なった結果、5個が陽性となりました。このときの生残菌濃度を推定しなさい。

参考文献


1) Valero, A., Rerez-Rodriguez, F., Carrasco, E., Fuentes-Alventosa, J. M., Garcia-Gimeno, and Zurera, G. 2009. *Journal of Food Microbiology*, *133*, 186–194.
2) Ding, T., Yu, Y.-Y., Hwang, C.-H., Dong, Q.-L., Chen, S.-G., Ye, X.-Q., and Liu, D.-H. (2016). *Journal of Food Protection*, *79*, 148–152.
3) Elahi, S. and H. Fujikawa, H. 2019. Journal of Food Science. 84: 121–126.
4) de Man, J. C. 1977. European Journal of Applied Microbiology. 4, 307–316.
5) de Man, J. C. 1983. European Journal of Applied Microbiology. 17, 301–305.
6) https://www.fda.gov/food/laboratory-methods-food/bam-appendix-2-most-probable-number-serial-dilutions
7) 藤川浩　2017. Japanese Journal of Food Microbiology. 34, 131–134.
8) Fujikawa, H. 2019. Food Hygiene and Safety Science. 60, 16–21.
9) 藤川浩　2015.　Excelで学ぶ食品微生物学、オーム社
10) Stumbo, C.R. 1973. Thermobacteriology in Food Processing 2nd ed. Academic Press.

# 第5章

# ベイズ統計学基礎

リスク解析は国際的にもベイズ統計学（Bayesian Statistics）に基づいた確率的な判定によって行われることが主流になっています。ベイズ統計学は今までの頻度（Frequency）を基にした統計学とは大きく考え方が異なる点があり、これまで解説してきた尤度が重要な役割を果たします。本章ではそのベイズ統計学の基礎を解説します。

# 5-1 ベイズ統計学とは何か

例えば、あるロットの製品からサンプルをいくつか取り出してその重量を測定したとき、頻度論統計学ではそのロットの（真の）平均は決まった値、すなわち定数と考えます。実際のサンプルの各測定値にはばらつきがあるので、平均との誤差は当然あります。そのため、この製品の重量を$X$と置くと$X$は確率変数と考えられ、平均$\mu$（定数）の周りにある分布を示します。頻度論統計学では、この誤差はサンプルサイズが十分大きければ正規分布を示すと考えます。本来、正規分布は平均との誤差を示すものでした。これを模式的に表わしたグラフが図1Aです。図に示した分布は平均を$\mu$とする正規分布です。横軸は重量であることに注意してください。

一方、ベイズ統計学では、対象とするパラメーターは定数ではなく、確率変数と考え、ある分布を持つと考えます。測定データからその確率分布が決まります。上の例ではロットの重量平均$\mu$を確率変数と考え、$\mu$は確率分布$f(\mu)$をもっていると考えます。それを模式的に示したグラフが図1Bです。横軸は$\mu$であることに注意してください。この確率分布を特徴づける指標はいくつかありますが、確率が最も高い値、すなわち最頻値がこの$\mu$を代表する値の一つと考えてよいでしょう。

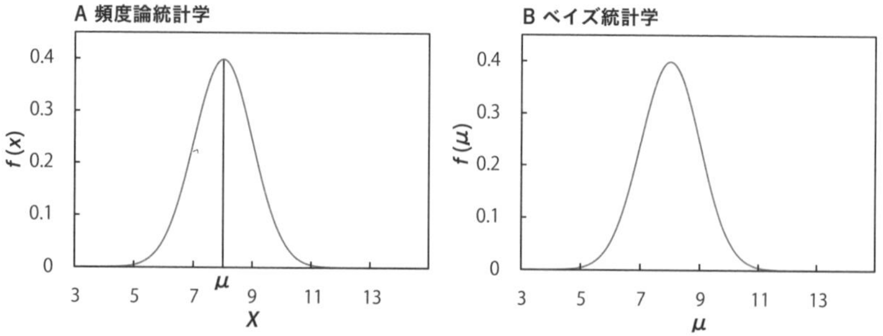


図1 頻度論統計学とベイズ統計学の平均についての考え方

# 5-2 ベイズの定理

第1章で説明したように、事象Aの起こる条件下で事象Bの起こる確率を条件付き確率$P(B|A)$といいます。例えば、事象Aが「その製品が規格外であった」、事象Bが「その製品は4工場のうちB工場で作られた」であるとき、$P(B|A)$は「規格外だった製品がB工場で作られた確率」を表します。同様に事象Bの起こる条件下で事象Aの起こる確率を$P(A|B)$と表わします。この例で$P(A|B)$は「B工場で作られた製品が規格外である確率」を表します。

このとき、事象Aかつ事象Bが起こる確率$\mathrm{P}(\mathrm{A}\cap\mathrm{B})$はこれら二つの条件付き確率を使って次のように表わせます。

$$P(A\cap B)=P(B)P(A|B)=P(A)P(B|A)$$

この式を例えば$\mathrm{P}(\mathrm{A}|\mathrm{B})$について解くと次の式が導き出され、これを**ベイズの定理**（Bayes' theorem）といいます。

$$P(A|B)=\frac{P(B|A)P(A)}{P(B)} \tag{1}$$

ベイズ統計学は結果からその原因を推定する統計学ともいえます。そこで、この式でAを原因H、Bを結果Rと置き換えると、次の式、すなわち**ベイズの基本公式**が得られます。

$$P(H|R)=\frac{P(R|H)P(H)}{P(R)} \tag{2}$$

この公式を用いると、結果Rが起きたときの原因Hに起因する確率$\mathrm{P}(\mathrm{H}|\mathrm{R})$を求められます。この確率を**事後確率**とよび、ベイズ統計学ではこの確率を求めます。また、$\mathrm{P}(\mathrm{R}|\mathrm{H})$を**尤度**、$\mathrm{P}(\mathrm{H})$を**事前確率**、$\mathrm{P}(\mathrm{R})$を**周辺尤度**といいます。事前確率とは結果（データ）Rが得られる前のその原因Hによる確率を意味します。尤度$\mathrm{P}(\mathrm{R}|\mathrm{H})$とは原因Hから結果Rが起こる確率を示します。周辺尤度$\mathrm{P}(\mathrm{R})$はその結果Rが起きる全確率を表し、計算するとある決まった値になります。

この公式を数学記号ではなく、用語で表すと次のようになります。

$$(\text{事後確率}) = \frac{(\text{事前確率}) \times (\text{尤度})}{(\text{周辺尤度})} \tag{3}$$

周辺尤度は定数なので、事後確率は事前確率と尤度の積に比例するとも言えます。従って、比例の記号$\propto$を使うと次のように表わすことができます。

$$(\text{事後確率}) \propto (\text{事前確率}) \times (\text{尤度}) \tag{4}$$

# 5-3 ベイズ推定

ベイズの基本公式を用いて事後確率を求めることを**ベイズ推定**(Bayesian inference) といいます。次の例題でベイズ推定を考えてみましょう。

例題 1

S県民のCウィルスの感染率は$\frac{1}{1000}=10^{-3}$です。Cウィルスの検査法の感度（Sensitivity）から、感染者の検査陽性率は95%です。一方、この検査法は特異性（Specificity）の点で非感染者の1%を陽性と誤判定してしまいます。S県に住むAさんがこの検査法で検査した結果、陽性と判定されました。AさんがCウィルスに実際に感染している確率を求めなさい。

**解答**　Aさんが検査で陽性という検査結果から実際に感染しているという事実（原因）がどの程度の確率かを推定します。感染と検査結果について、次の表のように(i)感染していて検査が陽性、(ii)感染していて検査が陰性（偽陰性）、(iii)非感染で検査が陽性（偽陽性）、(iv)非感染で検査が陰性という4つの場合が考えられます。ここで疑陽性、疑陰性ではないので、注意して下さい。

| | 感染 | 非感染 |
|---|---|---|
| 陽性 | (i) | (iii) |
| 陰性 | (ii) | (iv) |

ここで、検査の感度と偽陰性について考えると、次の模式図が考えられます。すなわち、感染者から採ったサンプルのウィルス量$x$が図のような分布をしていて、この検査（最小）感度が1.5であったとします。ある感染者から採取したサンプルのウィルス量がこの感度以下である場合、その感染者はこのウイルスを持っている（感染している）にもかかわらず陰性と

なってしまいます(図の青色部分)。これが誤った陰性、つまり偽陰性です。

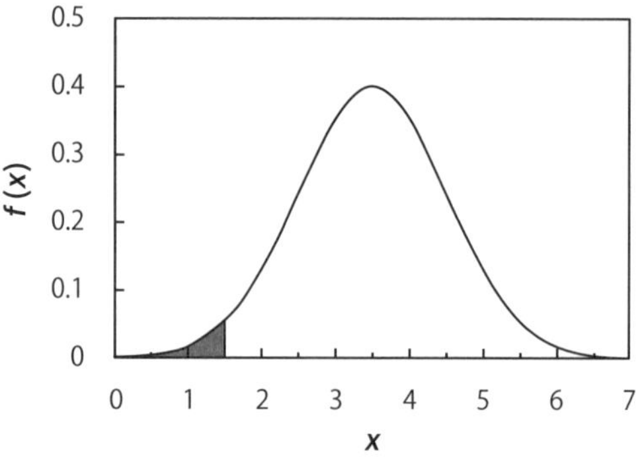


検査の特異性と偽陽性の関係はグラフでは表しにくいですが、例えば免疫学的検査で対象微生物と表面構造が類似した別の微生物が同じ抗原として認識されてしまい、誤って陽性と判定されることが考えられます。遺伝子の塩基配列から判定するPCR検査では、(通常はあり得ませんが)対象微生物と共通した塩基配列を持つ別の微生物が誤って陽性と判定されることが想定されます。

ここで、感染と検査陽性という事象をそれぞれIとYとすると、求める確率は陽性という検査結果の上で感染している確率ですから、$P(I|Y)$となり、ベイズの定理(式(2))を使うと次の式で表されます。

$$P(I|Y)=\frac{P(Y|I)P(I)}{P(Y)}$$

求める確率$P(I|Y)$は事後確率であり、尤度$P(Y|I)$は感染していて陽性となる確率、事前確率$P(I)$は検査前の(情報による)感染確率、周辺尤度$P(Y)$は検査で陽性となる確率です。

尤度$P(Y|I)$はAさんの検査結果による陽性率ですから0.95、事前確率$P(I)$は検査前のAさんの感染率ですが、県民の感染率から0.001とします。周辺尤度$P(Y)$は検査で陽性となる全事象の確率の和です。つまり、$P(Y)$は上記の(i) 感染者の95%と(iii) 非感染者の1%の和となり、$P(Y)=10^{-3}\times 0.95+(1-10^{-3})\times 0.01=0.01094$です。これらの値を上の式に代入すると、$P(I|Y)=0.087$となります。結果としてこの確率自体は非常に低い値ですが、検査前の0.001から0.087に87倍上がったと考えられます。

**クイズ1**　A国の中でウィルスBの感染率は$1/10{,}000=10^{-4}$です。その検査法は感度が高く、感染者の検査陽性率は98%です。一方、この検査法で非感染者の3%を陽性と誤判定してしまいます。Cさんがこの検査法で検査した結果、陽性と判定されました。この人がウィルスBに実際に感染している確率を求めなさい。次の空欄を埋めなさい。

**解答**　尤度P(Y|I)はCさんの検査結果による陽性率ですから[A]、事前分布P(I)は検査前のCさんの感染率ですが、この国の感染率から[B]です。周辺尤度P(Y)は検査で陽性となる全事象の確率の和です。つまり、感染者の[C]%と非感染者の[D]%の和となり、P(Y)＝[E]×[F]＋(1－[E])×[G]＝[H]です。これらの値を上の式に代入すると、P(I|Y)＝[I]となります。

一つの結果に対して原因が数多く考えられることもあります。例えば同じ製品をA, B, Cの3工場で生産していて、製品にある規格外製品が見つかった場合、それがどの工場由来かを確率的に推定することを考えます。ここで、結果Rが互いに重複のない（排反な）3つの原因A, B, Cから起こるとき、結果Rが原因Aによって起こる確率P(A|R)を推定しましょう（図2）。

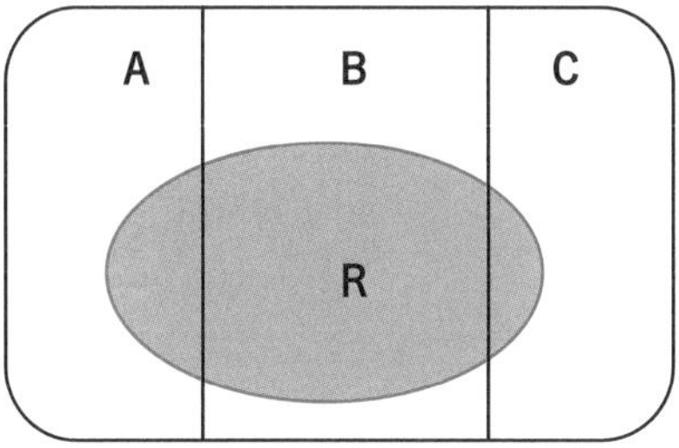


**図2　複数の原因の関与**

原因A, B, Cに関して青色の部分が結果Rに関与した部分を示します。

ベイズの定理に従うと、P(A|R)は次のように表わされます。

$$P(A|R)=\frac{P(R|A)P(A)}{P(R)}$$

この例では原因は3つあるので、図2からわかるようにP(R)は次の式のように3つの確率の和として表されます。

$$P(R)=P(A\cap R)+P(B\cap R)+P(C\cap R) \tag{5}$$

この式に乗法定理を用いると、次の式のように表されます。

$$P(R)=P(A)P(R|A)+P(B)P(R|B)+P(C)P(R|C) \tag{6}$$

この式をベイズの基本公式（式(2)）の分母、つまり周辺尤度に代入すると、次のように表わされます。

$$P(A|R)=\frac{P(R|A)P(A)}{P(A)P(R|A)+P(B)P(R|B)+P(C)P(R|C)} \tag{7}$$

この式を使って次の例題を考えます。

**例題 2**

製品Zを3つの工場A, B, Cで製造する企業があります。その製造能力の比はそれぞれ40%、30%、30%です。一方、工場A, B, Cから規格外製品の出る割合はそれぞれ0.1%、0.1%、0.2%です。製品Zから取り出したサンプル1個が規格外であったとき、それが工場Cで製造された確率を求めなさい。

**解答** サンプルが規格外である事象をRとし、原因が3つの場合のベイズの基本公式（式(7)）を適用します。工場Aでの製造比から$P(\mathrm{A})=0.4$となります。同様に$P(\mathrm{B})=0.3$、$P(\mathrm{C})=0.3$です。工場Aからの製品の不良率は0.1%ですから、$P(\mathrm{R}|\mathrm{A})=0.001$となり、同様に$P(\mathrm{R}|\mathrm{B})=0.001$, $P(\mathrm{R}|\mathrm{C})=0.002$です。

求める確率は$\mathrm{P}(\mathrm{C}|\mathrm{R})$ですから、以上の数値を式(7)に代入すると、

$P(C|R)=\dfrac{0.3\times 0.002}{0.4\times 0.001+0.3\times 0.001+0.3\times 0.002}$となります。これを計算すると、$P(C|R)=\dfrac{0.0006}{0.0004+0.0003+0.0006}=\dfrac{6}{13}$（≒0.46）となります。

**クイズ 2** 例題2で工場A, B, Cから規格外製品の出る割合がそれぞれ0.2%、0.2%、0.1%の場合、確率$P(\mathrm{C}|\mathrm{R})$を求めなさい。

紙面版

# 電脳会議

DENNOUKAIGI

一切無料

## 今が旬の情報を満載してお送りします！

『電脳会議』は、年6回の不定期刊行情報誌です。A4判・16頁オールカラーで、弊社発行の新刊・近刊書籍・雑誌を紹介しています。この『電脳会議』の特徴は、単なる本の紹介だけでなく、著者と編集者が協力し、その本の重点や狙いをわかりやすく説明していることです。現在200号を超えて刊行を続けている、出版界で評判の情報誌です。

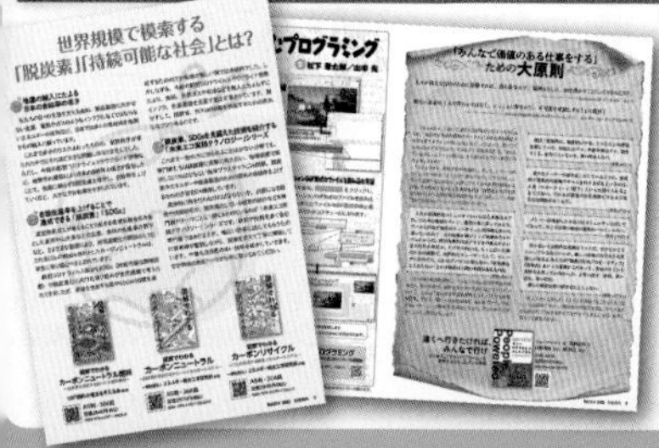


## 毎号、厳選ブックガイドもついてくる!!

『電脳会議』とは別に、テーマごとにセレクトした優良図書を紹介するブックカタログ（A4判・4頁オールカラー）が同封されます。

# ◆電子書籍・雑誌を読んでみよう！

技術評論社　GDP　検索

と検索するか、以下のQRコード・URLへ、
パソコン・スマホから検索してください。

**https://gihyo.jp/dp**

1. アカウントを登録後、ログインします。
【外部サービス(Google、Facebook、Yahoo!JAPAN)でもログイン可能】
2. ラインナップは入門書から専門書、趣味書まで 3,500点以上！
3. 購入したい書籍を カート に入れます。
4. お支払いは「PayPal™」にて決済します。
5. さあ、電子書籍の読書スタートです！

**◉ご利用上のご注意**　当サイトで販売されている電子書籍のご利用にあたっては、以下の点にご留意
**インターネット接続環境**　電子書籍のダウンロードについては、ブロードバンド環境を推奨いたします。
**閲覧環境**　PDF版については、Adobe ReaderなどのPDFリーダーソフト、EPUB版については、EPUB
**電子書籍の複製**　当サイトで販売されている電子書籍は、購入した個人のご利用を目的としてのみ、閲覧、
ご覧いただく人数分をご購入いただきます。
**改ざん・複製・共有の禁止**　電子書籍の著作権はコンテンツの著作権者にありますので、許可を得ないこ

# ◆Software Design WEB+DB PRESS も電子版で読める！

## 電子版定期購読がお得に楽しめる！

くわしくは、
「**Gihyo Digital Publishing**」
のトップページをご覧ください。

# ◆電子書籍をプレゼントしよう！

Gihyo Digital Publishing でお買い求めいただける特定の商品と引き替えが可能な、ギフトコードをご購入いただけるようになりました。おすすめの電子書籍や電子雑誌を贈ってみませんか？

**こんなシーンで…**

- ●ご入学のお祝いに　●新社会人への贈り物に
- ●イベントやコンテストのプレゼントに　………

◎**ギフトコードとは？**　Gihyo Digital Publishing で販売している商品と引き替えできるクーポンコードです。コードと商品は一対一で結びつけられています。

くわしい**ご利用方法**は、「**Gihyo Digital Publishing**」をご覧ください。

ソフトのインストールが必要となります。
印刷を行うことができます。法人・学校での一括購入においても、利用者１人につき１アカウントが必要となり、

人への譲渡、共有はすべて著作権法および規約違反です。

# 電脳会議

## 紙面版

## 新規送付のお申し込みは…

電脳会議事務局　検 索

検索するか、以下の QR コード・URL へ、
パソコン・スマホから検索してください。

https://gihyo.jp/site/inquiry/dennou

一切無料！

「電脳会議」紙面版の送付は送料含め費用は一切無料です。
登録時の個人情報の取扱については、株式会社技術評論社のプライバシーポリシーに準じます。

技術評論社のプライバシーポリシーはこちらを検索。

https://gihyo.jp/site/policy/

技術評論社　電脳会議事務局
〒162-0846　東京都新宿区市谷左内町21-13

# 5-4 ベイズ更新

ベイズ統計学では、ある原因について得られた事後確率を次のベイズ推定の事前確率として使うことができます。この操作を繰り返すことで、結果に対するその原因の寄与率について精度を高めていくことができます。これを**ベイズ更新**(Bayesian updating)といいます。これも頻度論による統計学と異なる点です。

---

**例題 3**

Aの箱には白玉と赤玉が3：5の比率で、Bの箱には3：1の比率でそれぞれ数多く入っています。今、AかBか分からないまま箱を一つ選び、そこから無作為に連続して3つ玉を取り出すと白玉、赤玉、赤玉の順番でした。このとき選んだ箱がBである確率を求めなさい。

**解答**　1つ目の玉を取り出したときの事前確率は、箱Aが選ばれる確率P(A)と箱Bが選ばれる確率P(B)は何の情報もないので、互いに等しいと考え、$P(A)=P(B)=1/2$とします。箱AとBから白玉が取り出される確率は比率からそれぞれ3/8と3/4です。ここでは箱Bを考えるので、尤度は3/4になります。周辺尤度は白玉を取り出したことに対してAとBの尤度を考えるので、$\frac{1}{2}\times\frac{3}{8}+\frac{1}{2}\times\frac{3}{4}=\frac{9}{16}$となります。従って結果Rが箱Bに起因する事後確率を$P(\mathrm{B}|\mathrm{R})$で表すと、ベイズの基本公式を使って、

$$P(B|R)=\frac{\frac{1}{2}\times\frac{3}{4}}{\frac{9}{16}}=\frac{2}{3}$$

が得られます。

2つ目の玉（赤玉）に対してはBの事前確率は$P(B)=2/3$となりますから、$P(A)=1-2/3=1/3$となります。赤玉が取り出されるAとBの確率は比率からそれぞれ5/8と1/4です。したがって事後確率$P(\mathrm{B}|\mathrm{R})$は次

のように示されます。

$$P(B|R)=\frac{\frac{2}{3}\times\frac{1}{4}}{\frac{1}{3}\times\frac{5}{8}+\frac{2}{3}\times\frac{1}{4}}=\frac{4}{9}$$

3つ目の玉（赤玉）に対して、事前確率$P(B)=4/9$となります。したがって、$P(A)=1-4/9=5/9$です。したがって最終的な事後確率$P(\mathrm{B|R})$は次のように計算できます。

$$P(B|R)=\frac{\frac{4}{9}\times\frac{1}{4}}{\frac{5}{9}\times\frac{5}{8}+\frac{4}{9}\times\frac{1}{4}}=\frac{8}{33}$$

一方、最終的な$P(\mathrm{A|R})$は$1-8/33=25/33\fallingdotseq 0.76$となります。3回の結果を基にベイズ更新を行った結果、最終的にはAの箱が選ばれた確率の方がかなり高いという推定結果となりました。3回の試行結果からP(B)の値の変化を示すと次の図のようになります。

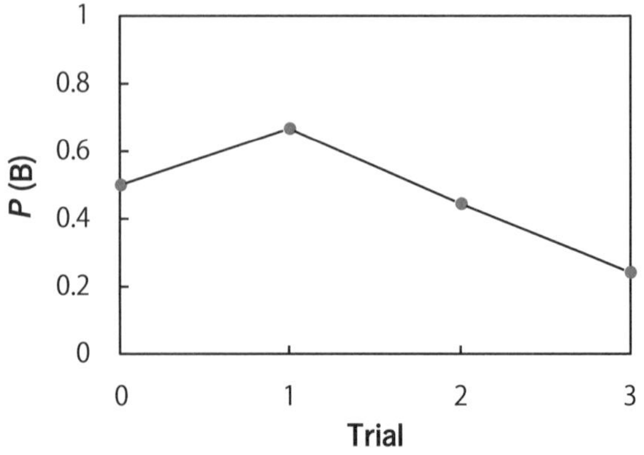


図3 ベイズ更新：選んだ箱がBである確率

クイズ3 例題3でAの箱には白玉と赤玉が1:1、Bの箱には3:2の比率でそれぞれ数多く入っている場合、選んだ箱がBである確率を求めなさい。

# 5-5 ベイズの基本公式

複数の原因が関与している場合のベイズの基本公式（式(7)）を説明しました。それを一般化して原因$H_i$ $(i=1, 2, 3, \cdots, n)$とすることができます。ここで．つまり、$H_i$をパラメーター$\theta_i$に書き換えると、$\theta$が離散的な確率変数の場合、ベイズの基本公式は次のように表されます。

$$P(\theta_i|R)=\frac{P(R|\theta_i)P(\theta_i)}{P(R)} \tag{8}$$

ただし、$P(R)=P(R|\theta_1)P(\theta_1)+P(R|\theta_2)P(\theta_2)+\cdots+P(R|\theta_n)P(\theta_n)$ (9)

パラメーター$\theta$が連続的な確率変数の場合は、事前確率を事前分布$\pi(\theta)$、事後確率を事後分布$\pi(\theta|\mathrm{R})$と置き換えます。また、尤度についても連続的な確率変数では$f(R|\theta)$と置き換えると、基本公式は次のように表わすことができます。

$$\pi(\theta|R)=\frac{f(R|\theta)\pi(\theta)}{P(R)} \tag{10}$$

ただし、

$$P(R)=\int f(R|\theta)\pi(\theta)d\theta \tag{11}$$

周辺尤度$P(\mathrm{R})$は式(11)のように積分の形になっており、$\theta$に関して計算すると式(9)と同様に最終的には定数となります。

前述したように、ベイズの基本公式は対象とするパラメーターが離散型であろうと連続型であろうと「**事後分布は尤度と事前分布の積に比例する**」と簡略化できます。そこで$K=1/P(\mathrm{R})$とおくと、最終的にベイズの基本公式は次のように表わすことができます。

$$\pi(R|\theta)=Kf(R|\theta)\pi(\theta) \tag{12}$$

また、対象とする確率変数の事前分布について何の情報もないとき、確率が1の一様分布を用いることが一般的です。すなわち、確率変数のとりうる区間が$[0,1]$のとき、その一様分布の確率はその区間で常に1となります。

**例題 4**

ある工場で大量に作られている製品Vから1個取り出し、その重量$X$を測定した結果、297 gでした。このデータから製品Zの重量の母平均$\mu$の確率分布を求めなさい。ただし、$X$の標準偏差は2 gであることがわかっています。

**解答** $X$を確率変数と考えると、この製品は大量に生産されているので、重量$X$は標準偏差2 gの正規分布に従うと考えられます。ベイズの公式において尤度$f(\mathrm{R}|\mu)$は$X=297$ gなので、正規分布の確率密度関数にこの値と標準偏差2を代入した式となり、次のようになります。

$$f(R|\mu)=\frac{1}{\sqrt{4\pi}}e^{\frac{-(297-\mu)^2}{8}}$$

また、事前分布は何の情報もないため、一様分布$\pi(\mu)=1$とします。その結果、事後分布$\pi(\mu|\mathrm{R})$は次のように表わすことができます。

$$\pi(\mu|R)=\frac{1\cdot\frac{1}{\sqrt{4\pi}}e^{\frac{-(297-\mu)^2}{8}}}{P(R)}$$

周辺尤度P(R)は尤度と事前分布の積に対して$\mu$を$-\infty$から$+\infty$まで積分した値ですから、次のように表わせます。

$$P(R)=\int_{-\infty}^{\infty}1\cdot\frac{1}{\sqrt{4\pi}}e^{\frac{-(297-\mu)^2}{8}}d\mu$$

この式は正規分布の確率密度関数そのものですから、積分した値は1となります。したがって、求める事後確率$\pi(\mu|\mathrm{R})$は次のような正規分布$\mathrm{N}(297,2^2)$になります。

$$\pi(\mu|R)=\frac{1}{\sqrt{2\times2\pi}}e^{\frac{-(297-\mu)^2}{2\times4}}$$

この事後分布をグラフに描くと次の図のような正規分布になります。結果は単に正規分布$(297,2^2)$の確率密度関数$f(\mu)$ですが、確率変数が$\mu$であることに注意してください。

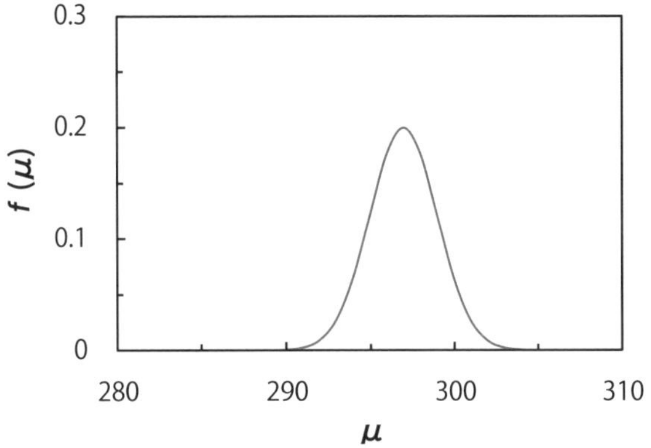


図4　製品 Z の重量平均の事後分布

以上より、以前説明した最尤法は事前分布を一様分布とした場合の事後分布と考えることもできます。

# 5-6 ベイズ統計学と各種確率分布

ベイズ統計学を実際のデータに適用する際、各種の確率分布を使います。これまで解説してきた代表的な確率分布を事前分布として使うとベイズの事後分布を比較的簡単に得ることができますので、それについて説明します。

## ベルヌーイ分布

ベルヌーイ分布は試行が1回で、生じうる2つの結果についてそれぞれ起こる確率が決まっています。次の例題を考えましょう。

**例題 5**

あるロットの果物Aについてサンプルを3個無作為に抜取り、農薬Bについて検査した結果、最後の1つが基準値以上の陽性でした。このロットの果物Aについて農薬Bが陽性である確率$\theta$を求めなさい。

**解答**　この検査結果は陽性か陰性かの二者しかないため、ベルヌーイ分布が適用できます。なお、この例題は2項分布を取り入れても解けますが、ここではベイズ更新の理解のためサンプル1個ずつについてベルヌーイ分布を使って行ないます。検査結果が陽性か否かを確率変数$X$と考え、陽性の場合$X=1$、陰性の場合$X=0$とします。また、陽性である確率を$\theta$とおくと、$0 \leqq \theta \leqq 1$が成り立ちます。なお、$\theta$は連続した値をとると考えます。$X$の確率分布を関数$f(x)$で表わすと、陽性の場合は$f(1)=\theta$、陰性の場合は$f(0)=1-\theta$となります。この$\theta$の確率分布を求めます。結果Rに対して尤度を$f(\mathrm{R}|\theta)$、事前分布を$\pi(\theta)$、周辺尤度を$\mathrm{P(R)}$とおきます。

1個目の検査に対して、何の情報もないため事前分布$\pi_1(\theta)$を一様分布とおき、$\pi_1(\theta)=1$とします。このとき、結果は陰性であったので尤度は

$f(\mathrm{negative}|\theta)=f(0|\theta)=f(0)=1-\theta$となりますから、ベイズの基本公式に従って事後分布$\pi_1(\theta|R)$は次のように表されます。

$$\pi_1(\theta|R)=\frac{1\cdot(1-\theta)}{\int_0^1 1\cdot(1-\theta)d\theta}$$

ここで、周辺尤度P(R)は式右辺の分母のように尤度と事前分布の積を0から1に渡って積分した値になります。計算するとP(R)＝1/2ですから、事後分布は$\pi_1(\theta|\mathrm{R})=2(1-\theta)$となります。

次に、2個目の検査に対して、事前分布$\pi_2(\theta)$はベイズ更新により$\pi_1(\theta|\mathrm{R})$に等しく、結果は陰性であったので尤度は$f(\mathrm{negative}|\theta)=1-\theta$ですから、事後分布$\pi_2(\theta|\mathrm{R})$は次のように表されます。

$$\pi_2(\theta|R)=\frac{2(1-\theta)(1-\theta)}{\int_0^1 2(1-\theta)(1-\theta)d\theta}$$

この式の分母を計算すると、その値は1/3となり事後分布は最終的に$\pi_2(\theta|\mathrm{R})=3(1-\theta)^2$となります。

次に、3個目の検査に対して、事前分布$\pi_3(\theta)$は$\pi_2(\theta|\mathrm{R})$に等しく、尤度は$f(\mathrm{positive}|\theta)=f(1)=\theta$ですから、事後分布$\pi_3(\theta|\mathrm{R})$は次のように表されます。

$$\pi_3(\theta|R)=\frac{3(1-\theta)^2\theta}{\int_0^1 3(1-\theta)^2\theta d\theta}$$

この分母を計算すると、その値は1/12となり、最終的な事後分布$\pi_3(\theta|\mathrm{R})$は$\pi(\theta|R)=12\theta(1-\theta)^2$となります。

最初、$\theta$に関して全く情報がない時点では一様分布を考えましたが、検査結果が得られるたびに、直線$\pi_1(\theta|\mathrm{R})=2(1-\theta)$、2次曲線$\pi_2(\theta|\mathrm{R})=3(1-\theta)^2$、最後に$\pi_3(\theta|\mathrm{R})=12\theta(1-\theta)^2$と更新されてきました。これらの事後分布をグラフに表わすと図5になります。

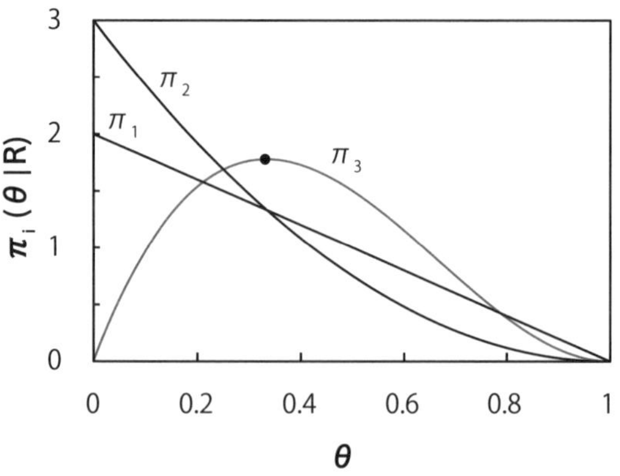


**図5　果物Aで農薬Bが陽性となる確率$\theta$：事後分布の更新**

黒い点はMAPの位置を示します。

得られた$\theta$の事後分布$\pi_3(\theta|R)$がこの例題の解答になりますがこの分布だけでは$\theta$を表現することが難しい場合があるので、この分布の特徴を表す指標があると便利です。ベイズ統計学では代表的な指標として次の２つがよく使われています。

① **最大事後確率** Maximum a posteriori probability (MAP)：事後分布で最大の確率を示す値。

② **事後期待値** Expected a posteriori (EAP)：事後分布の平均。

この2つ以外にも事後中央値Posterior median (MED)という推定値もあります。3つの推定値の中でどれを選ぶかは解析の目的などによると考えられます。

MAPは最尤法と同じ考え方で、本書では特に指定しない限りMAPを分布の指標として採用することにします。この例では図5に示すように事後確率が最大値を示す値MAPは0.33…となります。この値は検査した3個中1個が陽性であったため、頻度からも1/3が得られますが、この値と一致します。また、ベイズ統計学では3つの要素の中で尤度が解析する上でポイントとなることが理解できたかと思います。

**クイズ4**　例題5で検査結果が陽性、陰性、陰性の順であったとき、例題と同じ解法で確率$\theta$を求めなさい。

## 二項分布

二項分布はベルヌーイ試行を繰り返したとき成功が何回現れるかを示す分布です。次の例で考えてみましょう。

**例題 6**

あるサイコロを9回振った結果、5の目が1回出ました。このサイコロで5の目が出る確率$\theta$を求めなさい。

**解答** 頻度からは5の目の出る確率は1/9＝0.111… となります。ベイズ統計学では、前述したベルヌーイ試行を9回繰り返して計算してもできますが、5の目が出た回数に対して尤度$f(\mathrm{R}|\theta)$に二項分布を適用することができるので、尤度は次のように示されます。

$$f(R|\theta)={}_9\mathrm{C}_1\theta^1(1-\theta)^{9-1}$$

一方、事前分布は全く事前の情報がないので、一様分布$\pi(\theta)=1$を考えます。周辺尤度は尤度と事前分布の積を$\theta$のとる全範囲について（ここでは0から1まで）積分した値ですから、事後分布$\pi(\theta|\mathrm{R})$は次のように表されます。

$$\pi(\theta|R)=\frac{1\times{}_9\mathrm{C}_1\theta^1(1-\theta)^8}{\displaystyle\int_0^1 1\times{}_9\mathrm{C}_1\theta^1(1-\theta)^8\,d\theta}$$

周辺尤度を$\theta$について0から1まで積分した値を$m$とすると、最終的に事後分布は次の式のようになります。

$$\pi(\theta|R)=\frac{9}{m}\theta(1-\theta)^8$$

ここで簡単のため9/m＝1としてグラフにすると、次の図6のような分布曲線が表されます。周辺尤度は定数となるので、複雑な計算になる場合はこれを解く必要はなくなります。ただし、この図の分布曲線は全確率が1ではないので、形状は正しいですが、縦軸方向の縮尺が正確な確率密度曲線ではありません。もし確率密度曲線が必要な場合は全確率（図の山型の曲線とx軸で囲まれた面積）が1となるように$m$の値を求める必要があります。なお、このMAPは数値計算で0.111…となり、頻度からの値と一致します。

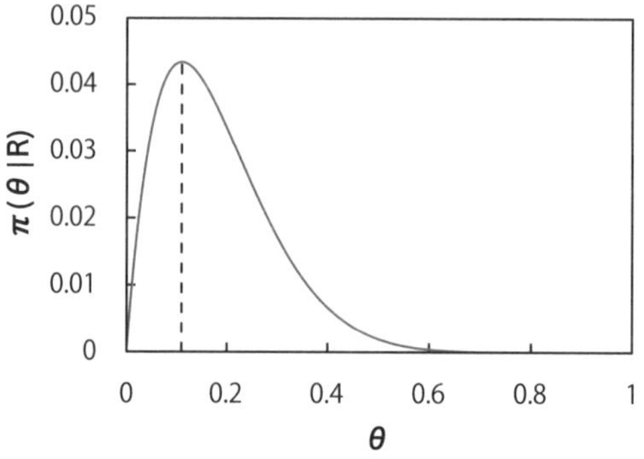


図6　サイコロSで5の目が出る確率θの事後確率
点線は事後確率が最大となる位置を示します。

**クイズ5**　A市の市長選で立候補者はL氏、M氏とN氏の3人います。選挙前の調査では40人中15人がL氏を、19人がM氏を、6人がN氏を支持していました。L氏の支持率を求めなさい。空欄を埋めなさい。

**解答**　ここではL氏を支持するかしないかの2択しかないので、40人中の支持者の数は$\boxed{A}$分布に従います。L氏の支持率を$\theta$と置き$(0 \leqq \theta \leqq 1)$、選挙前の調査結果$R$から事後分布$\pi(\theta|R)$を求めます。尤度は次の$f(R|\theta)$で表されます。

$$f(R|\theta) = {}_{\boxed{B}}C_{\boxed{C}}\,\theta^{\boxed{D}}(1-\theta)^{\boxed{E}-\boxed{F}} = {}_{\boxed{B}}C_{\boxed{C}}\,\theta^{\boxed{D}}(1-\theta)^{\boxed{G}}$$

$\theta$について前もって情報はないので、事前分布は$\boxed{H}$分布を考えると、その確率はどのような$\theta$の値についても$\boxed{I}$です。事後分布$\pi(\theta|R)$は事前分布と尤度の$\boxed{J}$に比例するので、最終的に次の式で表されます。

$$\pi(\theta|R) = a\theta^{\boxed{K}}(1-\theta)^{\boxed{L}}$$

ここで$a$は定数です。仮に$a=10^{10}$として$\pi(\theta|\mathrm{R})$の概形を描くと次の図のようになります。最頻値MAPを求めると、0.375となります。

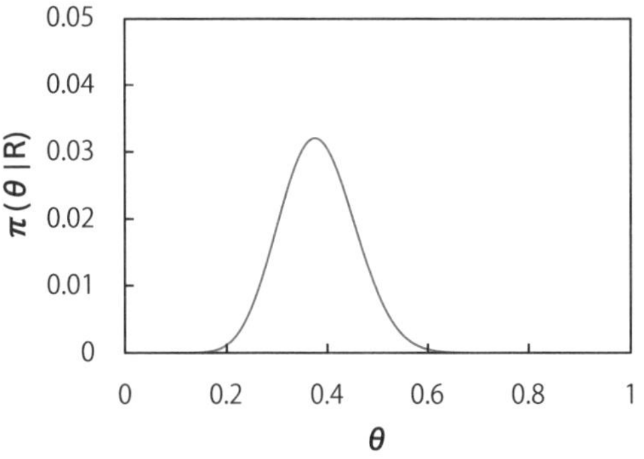


一方、例題6のように確率分布が$f(x)=x^{a}(1-x)^{b}$という関数の形をしている場合、前述したベータ分布Be$(a+1,\ b+1)$を適用することができます。$p=a+1$および$q=b+1$と置くと、ベータ分布Be$(p,\ q)$ではその期待値E$[X]$、分散V$[X]$、最頻値Mは次のように表されます。

$$E[X]=\frac{p}{p+q} \tag{13}$$

$$V[X]=\frac{pq}{(p+q)^2(p+q+1)} \tag{14}$$

$$M=\frac{p-1}{p+q-2} \tag{15}$$

これらの式を利用すると例題6の事後分布は$x^1(1-x)^8$という関数の形をしているので、$a=1,\ b=8$ですから、$p=1+1=2,\ q=8+1=9$となります。従って$M=\frac{2-1}{2+9-2}=\frac{1}{9}$より$MAP=\frac{1}{9}=0.111\cdots$が簡単に求まります。一方、$E[X]=\frac{2}{2+9}=\frac{2}{11}$より$EAP=\frac{2}{11}$となります。

さらに、次の公式が成り立ちます。ここで成功数を$k$とします。

「二項分布Bi$(n,\ \theta)$に従う確率変数$X$において$\theta$の事前分布としてベータ分布Be$(c,\ d)$を考えたとき、データ$X=k$に対して$\theta$の事後分布はベータ分布Be$(k+c,\ n-k+d)$となる。」

例題6では事前分布として一様分布を考えましたが、一様分布はBe(1,1)と表されます。実際に確率密度関数Be(1,1)のグラフを描くと、確率変数$X$は[0,1]の範囲で確率1でx軸に平行な直線を描きます。この公式でBe(1, 1)は$c=1$および$d=1$です。また、例題6では$n=9$および

$k=1$ですから、この公式を使うと事後分布$\mathrm{Be}(1+1,\ 9-1+1)=\mathrm{Be}(2,\ 9)$が簡単に得られます。

参考に$\mathrm{Be}(2,\ 9)$の確率分布曲線を図7に示します。なお、この分布曲線と図6の分布曲線とはy軸方向の比率を合わせると、形状が一致します。

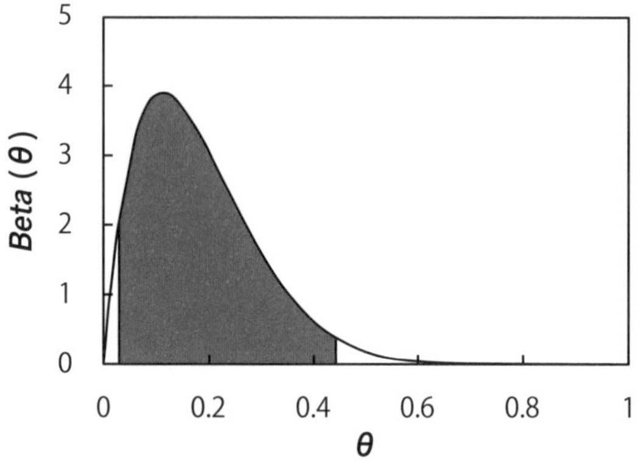


図7 Be(2,9)の分布曲線

塗りつぶした部分は$\theta$の95%確信区間を表します。

一般にベイズ推定を行なうのは、これまでみてきたように計算量が多いのですが、このように確率変数の従う分布が二項分布、すなわち尤度が二項分布で表され、事前分布がベータ分布に従えば、事後分布も同じベータ分布で表されます。このような事前分布を**共役事前分布**とよび、この関係を使うと簡単に事後分布が得られます。

これまで、情報が全くない場合の事前分布は一様分布を使うと説明してきましたが、この一様分布はBe(1,1)と表せるベータ分布の一つでもあります。そのため、事前分布で一様分布を選ぶことはBe(1,1)を選ぶことにもなります。

■ **参考** ■ 確信区間

ベイズ統計学では頻度論の信頼区間に対して**確信（または信用）**(credible) **区間**があります。これは信頼区間と異なり、対象とする確率変数が実際に存在する区間です。図7のベータ分布で確率$\theta$の確信区間95%を考えると、$\theta=0$から積算して2.5%の点から97.5%の点までがその区間になります。前述したようにde Manの方法によるMPN法の「信頼区間」は実際はこの方法による区間です。

**クイズ6**　クイズ5で調査結果が二項分布に従うと考え、L氏の支持率を求めなさい。ただし、共役事前分布としてBe(1,1)を使いなさい。次に、MAPとEAPを求めなさい。

## 正規分布

確率変数が正規分布に従うと考えられる場合、事前分布を正規分布とすると次の公式が成り立ちます。

「平均$\mu$、分散$\sigma^2$の正規分布に従う集団から大きさ$n$のサンプルを抽出し、その標本平均$\overline{x}$を得たとする。平均$\mu$の事前分布が正規分布$\mathrm{N}(\mu_0, \sigma_0{}^2)$に従うとき、$\mu$の事後分布は正規分布になり、その期待値$\mu_1$と分散$\sigma_1{}^2$は次のように表される。」

$$\mu_1=\frac{n\sigma_0{}^2\bar{x}+\sigma^2\mu_0}{n\sigma_0{}^2+\sigma^2} \tag{16}$$

$$\sigma_1{}^2=\frac{\sigma_0{}^2\sigma^2}{n\sigma_0{}^2+\sigma^2} \tag{17}$$

すなわち、尤度が式(18)で表され、

$$f(x)=\frac{1}{\sqrt{2\pi}\,\sigma}e^{\frac{-(x-\mu)^2}{2\sigma^2}} \tag{18}$$

事前分布が式(19)で表されるとき、

$$\pi(\mu)=\frac{1}{\sqrt{2\pi}\,\sigma_0}e^{\frac{-(\mu-\mu_0)^2}{2\sigma_0{}^2}} \tag{19}$$

事後分布は式(20)で示される正規分布になります。

$$\pi(\mu|R)=\frac{1}{\sqrt{2\pi}\,\sigma_1}e^{\frac{-(\mu-\mu_1)^2}{2\sigma_1{}^2}} \tag{20}$$

**例題 7**

製品Aから無作為にサンプルを6個取り出し、その重量を測定した結果、237, 242, 229, 232, 239, 225gでした。このとき、製品Aの重量の平均$\mu$について事後分布を求めなさい。これまでの測定からこの製品の重量の分散は$5\mathrm{g}^2$です。また、平均$\mu$の事前分布は正規分布$\mathrm{N}(235, 2^2)$であるとします。

**解答**　標本平均$\bar{x}=\dfrac{237+242+229+232+239+225}{6}=234$、$n=6$、$\sigma^2=5$です。また、事前分布において$\mu_0=235$, ${\sigma_0}^2=2^2$です。これらの値を式(16)と(17)に代入すると、$\mu_1=\dfrac{6\times 2^2\times 234+5\times 235}{6\times 2^2+5}=\dfrac{5616+1175}{29}\fallingdotseq 234$

および${\sigma_1}^2=\dfrac{2^2\times 5}{6\times 2^2+5}=\dfrac{20}{29}\fallingdotseq 0.83^2$となります。

したがって、$\mu$の事後分布は正規分布$\mathrm{N}(234, 0.83^2)$になります。事前分布と事後分布をグラフで表すと、図8のようになります。この例ではデータを組み入れた結果、事前分布に対して事後分布の分散が小さくなっていることがわかります。

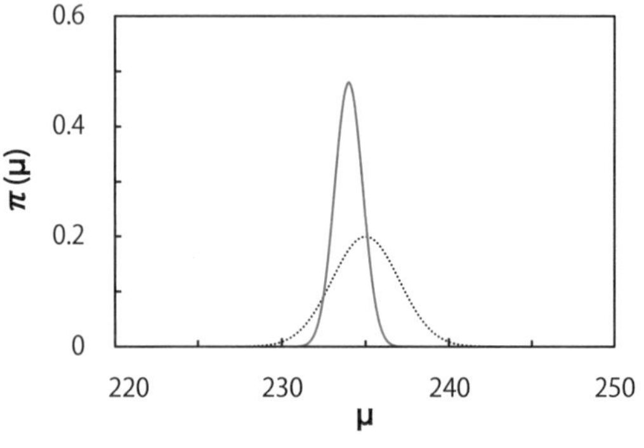


図8　製品Aの重量の平均$\mu$についての事前分布と事後分布

事前分布を点線で、事後分布を実線で示します。

なお、平均と分散が未知な正規分布から抽出したサンプルについては、事前分布として平均には正規分布を、分散には逆ガンマ分布という確率分布を適用しますが、ここでは説明を割愛します。

## ポアッソン分布

確率変数の尤度がポアッソン分布に従う場合は、次の公式が成り立ちます。

「平均$\theta$のポアッソン分布に従う集団から抽出した大きさ$n$のサンプルについて、$\theta$の事前分布としてガンマ分布$\mathrm{Ga}(\alpha_0, \lambda_0)$をとると、その事後分布は$\mathrm{Ga}(\alpha_1, \lambda_1)$になる。」

ただし、$\alpha_1$および$\lambda_1$は次の式で示されます。

$$\alpha_1 = \alpha_0 + n\,\overline{x} \tag{21}$$

$$\lambda_1 = \lambda_0 + n \tag{22}$$

ここで$\overline{x}$は標本平均を示します。

**例題 8**

ある輸入原料について有効成分Aが基準値以下の低濃度で検出される件数は、最近3か月間で月当たり4, 2, 5件でした。このデータから1月当たりの低濃度検出件数の期待値$\theta$の事後分布を求めなさい。ただし、これまでの検出件数で1月当たりの平均は2、分散は1でした。

**解答** 有効成分Aが基準値以下の原料がある期間に(ここでは1月当たり)検出される件数$X$はポアッソン分布に従うと考えられます。次に①これまでのベイズ更新による方法と②上述した公式による方法とで期待値$\theta$の事後分布を求めてみます。

① 尤度$f(X)$はポアッソン分布の密度関数を用いて、例えば月2件検出した場合は次のように表されます。

$$f(2) = \frac{e^{-\theta}\theta^2}{2!}$$

したがって3ヶ月間の尤度全体は確率の積$f(4) \times f(2) \times f(5)$であり、整理すると次の式で表されます。ただし、$k$は定数です。

$$f(R|\theta) = ke^{-3\theta}\theta^{11}$$

次に事前分布としてはガンマ分布$\mathrm{Ga}(\alpha, \lambda)$を使ってみます。これまでのデータ(平均2、分散1)からガンマ分布のパラメータである$\alpha$と$\lambda$について、第2章4節の式(32)と式(33)より次の関係が成り立ちます。

$$\mu=\frac{\alpha}{\lambda}=2\,,\qquad \sigma^2=\frac{\alpha}{\lambda^2}=1$$

これを解くと$\alpha=4,\ \lambda=2$が得られます。したがって事前分布$\pi_0(\theta)$はGa(4,2)となります。第2章4節の式(30)に$\alpha=4,\ \lambda=2$を当てはめると、次のようになります。ただし、$r$は定数です。

$$\pi_0(\theta)=r\theta^3e^{-2\theta}$$

周辺尤度は定数ですから、事後分布$\pi_1(\theta|\mathrm{D})$は事前分布と尤度の積に比例するので、次のように表わせます。

$$\pi_1(\theta|R)\propto\theta^3e^{-2\theta}\theta^{11}e^{-3\theta}=\theta^{14}e^{-5\theta}$$

この関数の形から第2章4節の式(30)を使って事後分布$\pi_1(\theta|\mathrm{D})$はGa(15,5)になります。

② 事前分布$\pi_0(\theta)$は①で示したようにGa(4,2)であり、事後分布$\pi_1(\theta|\mathrm{D})$のパラメーターは式(21)および(22)より$\alpha_1=4+11=15$および$\lambda_1=2+3=5$となります。ただし、$n=3$、$\overline{x}=11/3$です。

最終的に事後分布$\pi_1(\theta|\mathrm{D})$はGa(15,5)となり、これは①の結果と一致します。

事後および事前分布のグラフは次の図9のように表されます。なお、この事後分布でMAPはGa($\alpha,\lambda$)において$MAP=\frac{(\alpha-1)}{\lambda}$の関係から$\frac{15-1}{2}=\frac{14}{5}=2.8$です。

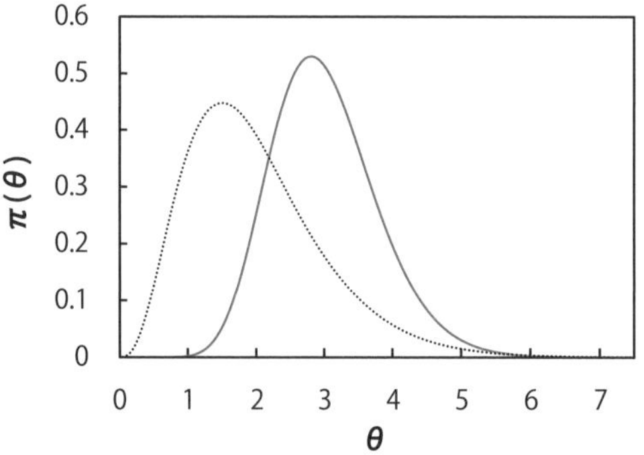


図9 基準値以下の原料が検出される件数（月当たり）の期待値$\theta$の事後分布

実線は事後分布、点線は事前分布を示します。

**クイズ 7**　製品Aについての苦情は最近4週間で週当たり2, 0, 1, 3件でした。この結果から週当たりの苦情数$\theta$の事後分布を求めなさい。ただし、これまでのデータから$\theta$は平均2回、分散2であることがわかっています。

## 事前分布

これまで説明してきたように尤度および事前分布にはその対象となる確率変数に適した分布が使われます。事前分布にどのような分布を用いるかは事前にどれだけの情報があるかに依りますが、最終的には解析者が判断します。その意味でベイズ統計学は主観的な統計学ともいわれます。ここでは事前分布と尤度にそれぞれ二項分布と超幾何分布を適用した例を説明します。

**例題 9**

A高校3年の生徒（400人）はウィルスBの予防接種を35%が終了したと情報があり、実際に無作為に選んだ生徒60人について調査した結果、11人が終了していました。この結果から、A高校3年の生徒の予防接種終了人数を推定しなさい。

**解答**　A高校3年の生徒はこの予防接種を終了しているかいないかのどちらかです。従って予防接種を終わっている事象をCとおくと、400人の中でCである人数は二項分布に従うと考えられます。事前に接種率は35%という情報があるので、Cである人数の分布は二項分布Bin(600, 0.35)となり、これが事前分布となります。次に、その一部の生徒を無作為に選び、得られた調査に対しては超幾何分布が適用できます。すなわち、尤度関数として母集団の大きさ400、標本数60、標本の成功数11の超幾何分布を用います。事前分布と尤度関数の積から計算すると、予防接種終了生徒数$\theta$に対する事後分布$\pi(\theta|R)$は図10に示すような分布となります。なお、この分布の最頻値からMAP＝130と推定されます。

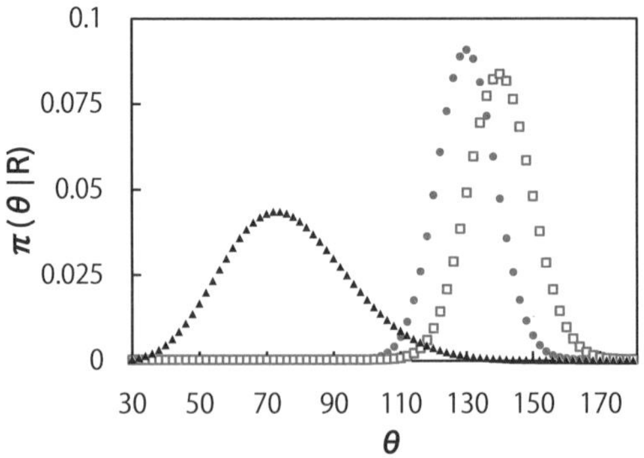


図10 A高校3年生での予防接種終了人数の推定

□：事前分布、▲：尤度、●：事後分布

## 共役事前分布

対象とする確率変数が従う確率分布(尤度)が分かっていれば、共役な事前分布を使うと、事後分布も事前分布と同じ種類の分布となります。そのいくつかを説明しましたが、共役な事前分布と事後分布について、表1のようにまとめられます。これらの共役関係が使えると、これまで説明してきたように簡単に事後分布が求められます。なお、尤度が分散未知の正規分布については説明を割愛しました。

表1　共役な事前分布と事後分布の組み合わせ

| 尤　度 | 事前分布 | 事後分布 |
|---|---|---|
| ベルヌーイ分布 | ベータ分布 | ベータ分布 |
| 二項分布 | ベータ分布 | ベータ分散 |
| 正規分布（分散既知） | 正規分布 | 正規分布 |
| 正規分布（分散未知） | 正規分布（平均）、<br>逆ガンマ分布（分散） | 正規分布（平均）、<br>逆ガンマ分布（分散） |
| ポアッソン分布 | ガンマ分布 | ガンマ分布 |

# 第6章 確率過程

これまで説明してきたベイズ統計学を基礎にして、ここではいろいろな自然現象及び社会現象の背後にある確率過程Random processという概念を解説します。確率過程は対象とする確率変数が従う規則と考えられます。確率過程はリスクの対象が従う過程である場合、特に重要な考え方となります。これまで説明してきたいろいろな確率分布が確率過程となり得ますが、リスク解析においては特に二項過程、ポアッソン過程、超幾何過程が重要です(Bose 2008)。これらはそれぞれ二項分布、ポアッソン分布、超幾何分布という確率分布に対応しています。ここでは、この3つの確率過程をベイズ統計学を取り入れながら説明します。

# 6-1 二項過程

**二項過程**は二項分布で解説したようにある試行を複数回行なったときにその結果が成功か不成功かのどちらかになる確率過程をいいます。例えばあるサイコロを10回振って2の目が3回出る事象は二項過程に従うと考えられます。二項過程は試行回数$n$、各回の成功確率$p$と成功数$s$の3つの数量、つまりパラメーターから成り立ち、Bi(s, n, p)と表せます。例えば上記のサイコロが公平なサイコロであればどの目の出る確率も1/6であるので、10回振って2の目が3回出る事象はBi(3, 10, 1/6)と書き表せます。これら3つのパラメーターはすべて確率変数となることができ、以下説明するように2つのパラメーターの値が分かっていると、他の1つのパラメーターを推定できます。

## 成功数の推定

二項過程$\mathrm{Bi}(s, n, p)$で試行回数$n$と成功確率$p$が分かっている場合、成功数$s$が確率変数となり、二項分布に従って次の式で表せます。

$$f(s|n, p) = \mathrm{Bi}(s, n, p) \tag{1}$$

$f(s|n, p)$は確率変数$s$の示す分布を表しますが、簡略化して$s = f(s|n, p)$、つまり$s = \mathrm{Bi}(s, n, p)$と書くこともできます(Bose 2008)。

例題 1

4の目の出る確率が0.12のサイコロEを200回投げたとき、4の目の出る回数sを推定しなさい。

**解答** サイコロEで4の目が出る回数は二項過程で表せます。従って、4の目が出る回数$s$は$f(s|n, p) = \mathrm{Bi}$ $(s, 200, 0.12)$で、これが解答です。こ

れをグラフに表すと図1のようになります。ここで、事前分布としてどの$s$の値も等しい一様分布を考えると、尤度と事後分布は形状が一致します。従ってベイズ統計学でのMAPは図1の最頻値から24です。以後も同様な解析手法の場合はこのようにしてMAPを求めます。

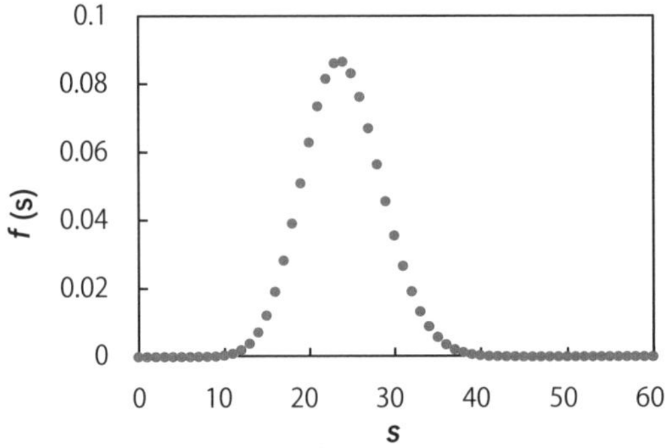


図1　4の目の出る回数 $s$

Excel▶ 関数BINOM.DIST(s, 200, 0.12, FALSE)を使います。$s$を確率変数として値を0, 1, 2, …と変化させます。

R▶ 関数 dbinom(s, 200, 0.12)を使います。$s$を確率変数として値を0, 1, 2, …と変化させます。

## 成功確率の推定

二項過程で試行回数$n$と成功回数$s$が分かっている場合、成功確率$p$を確率変数として表せます。

$$f(p|n, s)=\mathrm{Bi}(s, n, p) \tag{2}$$

例題 2

あるクラスC（28人）で病原体Cについて調べた結果、12人の生徒が感染していました。このクラスの感染確率$p$を表わしなさい。

**解答**　生徒は感染か非感染かのいずれかですから、この調査結果は $f(p|n, s)=\mathrm{Bi}(12, 28, p)$ と表せます。$p$ を確率変数としてこの分布をグラフに表すと図2のようになります。ここで、最頻値から $MAP=0.43$ です。

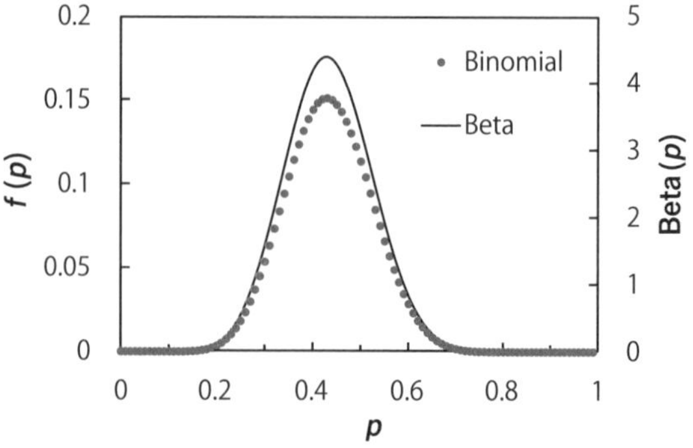


図2　クラスCの感染確率

Excel▶ 関数BINOM.DIST(12, 28, $p$, FALSE)を使います。$p$ を確率変数として0から1まで変化させます。

R▶ 関数 dbinom(12, 28, $p$)を使います。$p$ を確率変数として0から1まで変化させます。

一方、この例では二項分布が尤度であるので、事前分布にベータ分布 $\mathrm{Beta}(a, b)$ を適用すると、ベイズ統計学で説明したように共役関係から事後分布もベータ分布となります。従って、二項過程 $\mathrm{Bi}(s, n, p)$ で試行回数 $n$ と成功回数 $s$ が分かっている場合、$p$ は次のように表わされます。

$$f(p)=Beta(s+a,\ n-s+b) \tag{3}$$

この例では事前分布に一様分布となる $\mathrm{Beta}(1, 1)$ を適用すると $\mathrm{Beta}(12+1, 28-12+1)=\mathrm{Beta}(13, 17)$ となります。この確率密度曲線を描くと、図2のようになり、二項過程による曲線と同じ形状を示します。

ここで $\mathrm{Beta}(a, b)$ のModeは一般に次のように表せます。

$$Mode=\frac{a-1}{a+b-2} \tag{4}$$

この式に $a=13$, $b=17$ を代入すると、$MAP=(13-1)/(13+17-2)=3/7$

≒0.43となり、二項過程によるMAPの値と一致します。

Excel▶ 関数BETA.DIST($p$, 13, 17, FALSE)を使います。$p$を確率変数として変化させます。

R▶ 関数dbeta($p$, 13, 17)を使います。$p$を確率変数として変化させます。

**クイズ1** サイコロAを25回振った結果、5の目が4回出たとき、このサイコロの5の目が出る確率P1をベータ分布を使って表わしなさい。さらに、このサイコロを10回振った結果、5の目が1回出ました。このときの5の目が出る確率P2を同様に推定しなさい。

## 試行回数の推定

二項過程では成功回数$s$と成功確率$p$から試行回数$n$を次の式で表すことができます($s \leqq n$)。

$$f(n|p,\ s) = \mathrm{Bi}(s,\ n,\ p) \qquad (5)$$

**例題3**

表の出る確率が0.58のコインAを数多くトスした結果を集計すると、表は20回出ていました。このとき、このコインは何回トスしたと考えられますか。

**解答** 二項過程において$n$が確率変数となり、$n$は$f(n|p,\ s) = \mathrm{Bi}(20,\ n,\ 0.58)$から推定できます。それをグラフに表すと図3のように示されます。なお、ここで$MAP = 34$です。

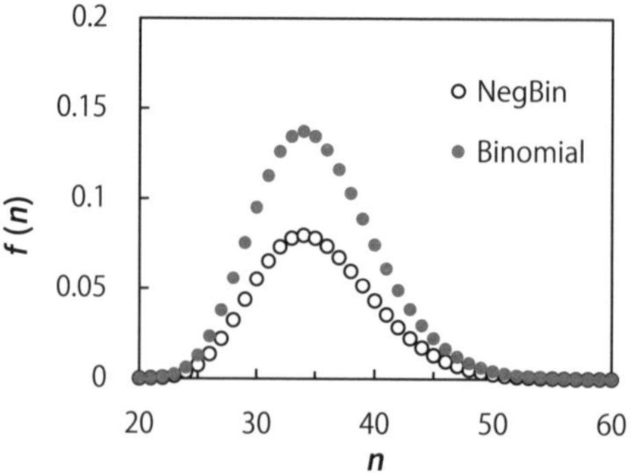


図3 コインAのトス回数

Excel ▶ 関数BINOM.DIST(20, $n$, 0.58, FALSE)を使います。$n$=20, 21, 22, ….

R ▶ 関数dbinom(20, $n$, 0.58) を使います。$n$=20, 21, 22, ….

一方、この問題は負の二項分布NegBinがその定義から適用できる問題です。すなわち、$n$は

$$f(n|p, s)=s+NegBin(s+1, p) \tag{6}$$

と表すことができます。この分布曲線をグラフに表すと図3のように示されます。この分布は二項過程による分布と値は異なるものの、同じ形状であることが分かります。なお、$MAP$は二項過程による値と等しく、34です。

Excel ▶ 関数NEGBINOM.DIST($n$, 20+1, 0.58, FALSE)を使います。$n$=10, 11, 12, ….

R ▶ 関数 dnbinom($m$, size=20+1, prob=0.58)を使います。$m$=0, 1, 2, …. ただし、$n=10+m$です。

以上、二項過程についてまとめると表1になります。

表1　二項過程

| 数　量 | 式 | 注　釈 |
|---|---|---|
| 成功数$s$ | $f(s\|n,\ p)=\mathrm{Bi}(s,\ n,\ p)$ | $s$が確率変数 |
| 成功確率$p$ | $f(p)=Beta(s+a,\ n-s+b)$<br>$f(p\|n,\ s)=\mathrm{Bi}(s,\ n,\ p)$ | 事前分布としてBeta($a$, $b$)<br>$p$が確率変数 |
| 試行回数$n$ | $n=s+NegBin(s+1,\ p)$<br>$f(n\|p,\ s)=\mathrm{Bi}(s,\ n,\ p)$ | $n$が確率変数 |

# 6-2 ポアッソン過程

ポアッソン分布は二項分布からその確率$p$を限りなく小さくした極限として説明しましたが、ある期間に起きる事象の数を単位期間の発生数から考える場合に使われる分布でもあります。この分布に従って起きる確率過程を**ポアッソン過程**といいます。ポアッソン過程は時間だけではなく、ある体積中に存在する粒子数を考える場合にも使われます。

## 事象回数の推定

ポアッソン過程に従う事象の回数は次の式で推定できます。すなわち、単位期間に平均$\lambda$回起きる事象が$t$期間の間に起きる回数$\alpha$は次の式で表されます。

$$f(\alpha|\lambda, t) = Pois(\lambda t) \tag{7}$$

つまり、期間が3倍になれば、その期間に起きる事象の平均回数も3倍になります。これは単純に見えますが、重要な特徴です。なお、式(7)は単位体積中の粒子数でも当てはまり、体積が4倍になればそこに存在する平均粒子数も4倍となります。

例題 4

A市では週平均5回の交通事故が発生します。このとき、3週間で起きる回数$\alpha$を推定しなさい。

**解答**　$\alpha$は$\lambda=5,\ t=3$より$f(\alpha|\lambda, t) = Pois(15)$と推定されます。図4にその分布を示します。

$MAP=14$および15です。

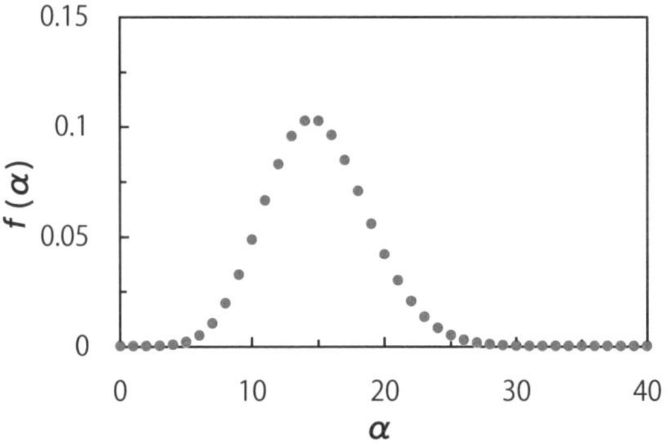


図4 A市で3週間に起きる交通事故数

Excel ▶ 関数POISSON.DIST($\alpha$, 15, FALSE)を使います。確率変数$\alpha$に連続した数値0, 1, 2, ...を代入します。

R ▶ 関数dpois(15, $\alpha$)を使います。確率変数$\alpha$に連続した数値0, 1, 2, ...を代入します。

## 事象間の時間の推定

ポアッソン過程では単位時間に起きる事象の数からある期間に起きる回数を推定しますが、このときの事象間の時間は指数分布によって推定することができます。つまり、単位期間に$\lambda$回起きる事象について、事象と事象の間隔は指数分布$Expon(1/\lambda)$で表されます。言い換えると、ある事象が起きた後、次の事象が起きるまでの時間tは$f(t|\lambda)=Expon(1/\lambda)$で表されます。

例題 5

T県では5年に1度の頻度で震度4以上の地震が発生します。この発生間隔、つまり次に震度4以上の地震が起こるまでの時間tを推定しなさい。

**解答**　T県で震度4以上の地震が発生する事象がポアッソン過程に従うと考えます。5年に1度の頻度で起きるので、1年間では1/5回です。従って、$\lambda=1/5$ですから、$t$は$f(t|\lambda)=Expon(5)$で表されます(単位：年)。これをグラフで表すと、図5のように示されます。なお、次の震度4以上の地震が起きる確率が50%となる期間は3.5年と計算できます。

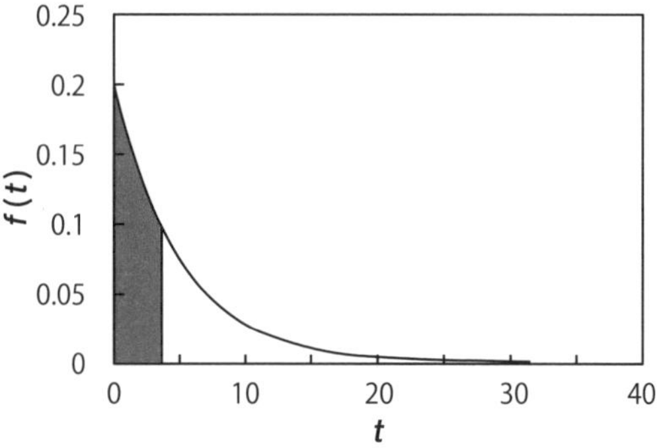


図5　T県で震度4以上の地震が発生する間隔（単位：年）

塗りつぶした部分は確率が50%に相当します。

Excel▶ 関数EXPON.DIST($t$, 0.2, FALSE)を使います。確率変数$t$に連続した数値を代入します。

R▶ 関数dexp($t$, rate=1/5, log=FALSE)を使います。確率変数$t$に連続した数値を代入します。

なお、指数分布Exp($1/\lambda$)はガンマ分布の一つの形で、ガンマ分布を使うと次のように表わせます。

$$Exp(1/\lambda)=Gamma(1, 1/\lambda)$$

## 単位当たりの平均の推定

期間$t$に対象とする事象が$\alpha$回起きたとき、単位期間に起きた平均数$\lambda$は式(8)において$\lambda$を確率変数として推定できます。

$$f(\lambda|\alpha,t)=Pois(\lambda t) \tag{8}$$

次の例題では単位重量当たりの平均を推定します。

**例題 6**

ある食中毒事件で原因となった食品A(30g)から9700個のサルモネラ菌が検出されました。この食品1g当りのサルモネラ菌の平均汚染数$\lambda$を推定しなさい。

**解答**　$\lambda$は$f(\lambda|\alpha,t)=Pois\,(30\lambda)$と表されます。$\lambda$を確率変数としてグラフを描くと図6のようになります。最頻値から$MAP=323$です。

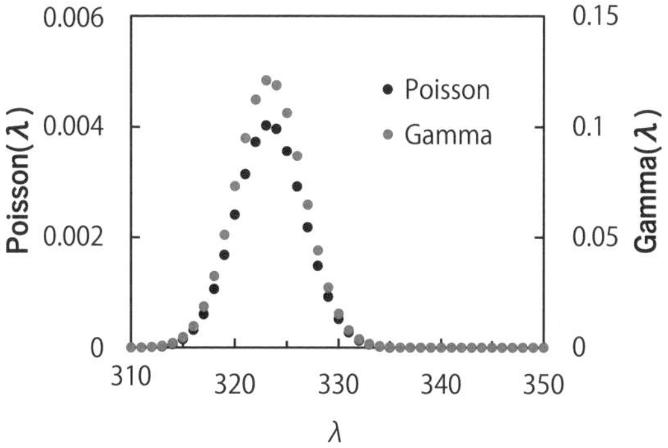


図 6　食品 A のサルモネラ菌の平均汚染数

Excel▶ 関数POISSON.DIST(9700, 30$\lambda$, FALSE)を使います。確率変数$\lambda$に連続した数値を代入します。

R▶ 関数dpois(30$\lambda$, 9700)を使います。確率変数$\lambda$に連続した数値を代入します。

一方、期間$t$と平均数$\lambda$から$\alpha$に関する尤度$lk(\alpha|\lambda,\ t)$は次のように表わせます。

$$lk(\alpha|\lambda,t)=\frac{e^{-\lambda t}(\lambda t)^{\alpha}}{\alpha!}\propto e^{-\lambda t}(\lambda)^{\alpha} \tag{9}$$

ここで、十分な情報がないとき事前分布として$\pi(\lambda)=\dfrac{1}{\lambda}$を用いると、事後分布$p(\lambda|\alpha)$は両者の積から

$$p(\lambda|\alpha,t)\propto e^{-\lambda t}(\lambda)^{\alpha-1} \tag{10}$$

となります。この式はガンマ分布の形をしており、$Gam(\alpha,\ 1/t)$と表わされます。従って、平均数$\lambda$は次の式で表されます。

$$f(\lambda|\alpha,t)=Gam(\alpha,\ 1/t) \tag{11}$$

例題6では$f(\lambda)=Gam\left(9700,\ \dfrac{1}{30}\right)$となります。これをグラフで表すと図6のようになります。ガンマ分布の最頻値Modeは定義より$(\alpha-1)\times(1/t)$と表されます。したがって、この場合Mode$=(9700-1)\times\dfrac{1}{30}\fallingdotseq 323$であり、ポアッソン分布で求めたMAPの値と一致します。分布曲線の形状も両者は一致します。

**クイズ 2**　S市では4年間に26件の火災がありました。このとき、1年間当たりの平均件数$\lambda$をガンマ分布を使って表わしなさい。

## 経過時間の推定

ポアッソン過程において、起きた回数$\alpha$と平均$\lambda$から経過期間$t$を推定できます。前述したように事前分布として$\pi(t)=1/t$を用いると、事後分布は次のように示されます。

$$f(t|\alpha,\lambda)=Gam\left(\alpha,\ \frac{1}{\lambda}\right) \tag{12}$$

**例題 7**

A市では毎週平均4回の交通事故が起きています。このとき、14回の事故が起きるまでの期間を推定しなさい。

**解答**　式(12)から$t=Gam(14, 1/4)$が求める期間です。この分布を描くと下の図7のようになります。第2章で記したGamma分布の最頻値から$MAP=(14-1)\times 1/4=3.25$です。

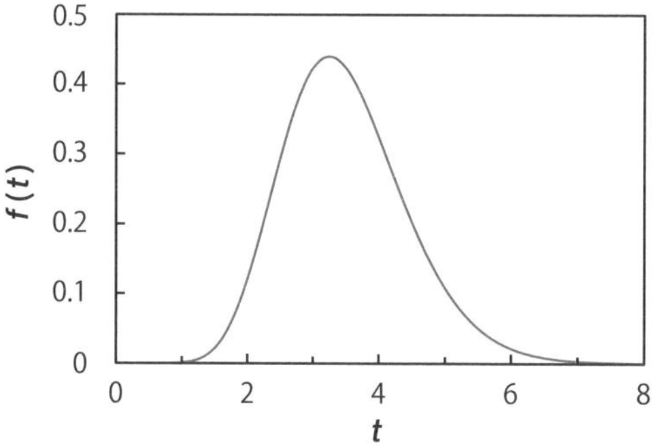


図7　A市で14回の交通事故が起きるまでの期間（週）

Excel▶ 関数GAMMA.DIST($t$, 14, 1/4, FALSE)を使います。 確率変数$\lambda$に連続した数値を代入します。

R▶ 関数dgamma(t, 14, rate=4, log=FALSE)を使います。確率変数$\lambda$に連続した数値を代入します。

以上、ポアッソン過程についてまとめると表2になります。

表2　ポアッソン過程

| 数　量 | 式 | 注　釈 |
|---|---|---|
| 事象回数$\alpha$ | $f(\alpha\|\lambda, t)=Pois(\lambda t)$ | |
| 事象の間隔$t$ | $f(t\|\lambda)=Expon(1/\lambda)$ | |
| 単位当たりの平均$\lambda$ | $f(\lambda\|\alpha, t)=Pois(\lambda t)$<br>$f(\lambda\|\alpha, t)=Gam(\alpha, 1/t)$ | $\lambda$が確率変数<br>十分な事前情報がない場合 |
| $\alpha$回までの経過時間 | $f(t\|\alpha, \lambda)=Gam(\alpha, 1/\lambda)$ | 十分な事前情報がない場合 |

# 6-3 超幾何過程

**超幾何過程**は対象とする集団からサンプルを非復元抽出し、得られた結果から元の集団の統計量を推定する場合に使われます。つまり、集団中の各個体について注目する特徴が成功か失敗か（あるいは陽性か陰性か）を判定し、成功した個体の数を解析の対象とします。以前説明したように超幾何分布には集団の大きさ$M$、その中の成功した個体の数$D$、サンプルサイズ$n$、サンプル中の成功数$s$の4つのパラメーターがあり、以後説明するように3つのパラメーターの値が分かっていれば、残ったパラメーターを確率変数として推定できます。

## サンプル中の成功数の推定

集団の大きさ$M$、その中の成功した（あるいは陽性の）個体の数$D$、サンプルサイズ$n$の数値が分かっている場合、サンプル中の成功数$s$は超幾何分布を使って次のように表すことができ、$s$が確率変数です。

$$f(s|n, D, M) = Hypergeo(s, n, D, M) \tag{13}$$

例題 8

40人のクラスで15人の生徒が感染症Cに感染しているとき、無作為に選んだ8人中の感染者を推定しなさい。

**解答**　8人中の感染者数sは$f(s)=\mathrm{Hypergeo}(s, 8, 15, 40)$と表されます。この分布は図8のように示されます。最頻値から$MAP=3$（人）です。

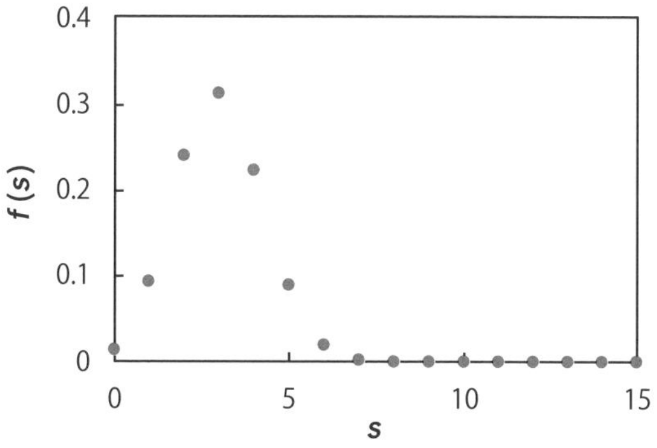


図8　無作為に選んだ8人中の感染生徒数

Excel ▶ 関数HYPGEOM.DIST($s$, 8, 15, 40, FALSE)を使います。確率変数$s$の値を変化させます。

R ▶ 関数dhyper(s, 15, 40−15, 8, log＝FALSE)を使います。確率変数$s$の値を変化させます。



## サンプルサイズの推定

超幾何過程で集団の大きさ$M$、その中の成功数$D$、サンプル中の成功数sが分かっている場合、サンプルサイズ$n$を推定できます。つまり、$n$は次のように表すことができ、$n$が確率変数です。ただし、$s \leqq n \leqq M$です。

$$f(n|s, D, M) = Hypergeo(s, n, D, M) \tag{14}$$

例題 9

生徒数45人のクラスAで男子は24人います。このクラスから無作為に$n$人選んだ結果、その中に男子が5人いました。$n$人選んだか推定しなさい。

**解答**　$n$は$f(n|s, D, M)$＝Hypergeo(5, $n$, 24, 45)と表されます。この式において$n$を確率変数として、その分布を描くと次の図のようになります。$MAP$＝9（人）となります。

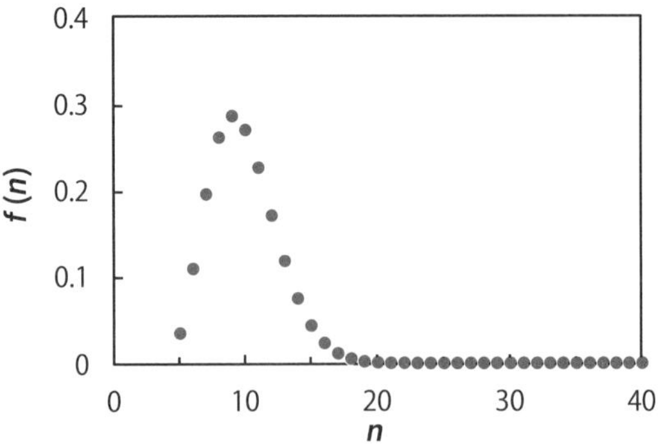


図9 クラスAで選んだ生徒数

Excel ▶ 関数HYPGEOM.DIST(5, n, 24, 45, FALSE)を使います。確率変数$n$の値を変化させます。

R ▶ 関数dhyper(5, 24, 45−24, $n$, log ＝ FALSE)を使います。確率変数$n$の値を変化させます。

## 成功数の推定

超幾何過程で集団の大きさ$M$、サンプルサイズ$n$、サンプル中の成功数sが分かっている場合、集団中の成功数$D$を推定できます。つまり、$D$は次の式で表すことができ、$D$が確率変数です。ただし、$D \leqq M$です。

$$f(D|s, n, M) = Hypergeo(s, n, D, M) \tag{15}$$

例題 10

箱の中に赤い玉と白い玉が合計60個入っています。そこから無作為に7個取り出すと赤い玉が2個でした。この結果から箱の中の（元の）赤い玉の数を推定しなさい。

**解答**　この箱から赤い玉を取り出すことを成功とすると、$f(D|s, n, M)$＝Hypergeo (2, 7, D, 60) が成り立ちます。ここで$D$を確率変数とし、$D$の分布をグラフに表すと図10になります。ここで、$MAP$＝17です。

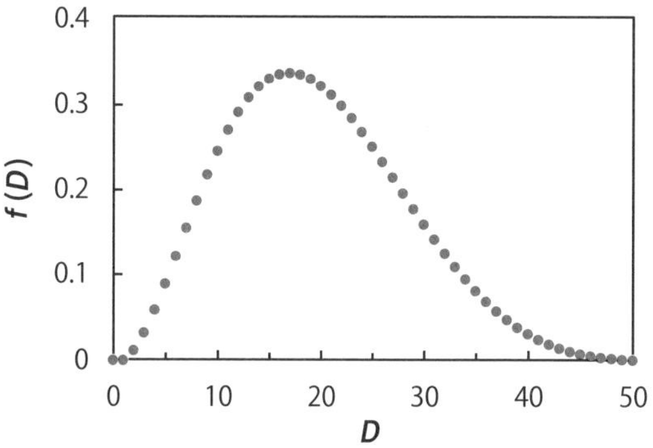


図10 箱の中の（元の）赤い玉の数

Excel ▶ 関数HYPGEOM.DIST(2, 7, $D$, 60, FALSE)を使います。確率変数$D$の値を変化させます。

R ▶ 関数dhyper(2, D, 60－D, 7, log＝FALSE)を使います。確率変数$D$の値を変化させます。



## 集団サイズの推定

超幾何過程で集団中の成功数$D$、サンプルサイズ$n$、サンプル中の成功数$s$が分かっている場合、集団の大きさ$M$を推定できます。$M$は次のように表すことができ、$M$が確率変数です。

$$f(M|s, n, D) = Hypergeo(s, n, D, M) \quad (16)$$

例題 11

箱の中に白い玉だけが$M$個入っています。最初に白い玉10個を取り出し、赤く塗って箱に戻し、よく混合しました。次に、無作為に8個の玉を取り出したところ、その中の3個が赤く塗ってありました。このとき、最初に入っていた白い玉の数$M$を求めなさい。

**解答**　$M$について$f(M|s, n, D)$＝Hypergeo(3, 8, 10, $M$)が成り立ちます。この式から$M$を求めると、図のような分布が得られます。なお、

$MAP=26$です。

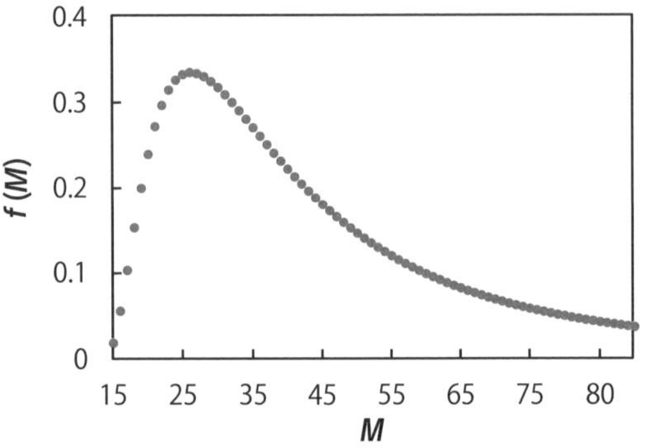


図11 箱の中の玉の数

Excel ▶ 関数HYPGEOM.DIST(3, 8, 10, M, FALSE)を使います。確率変数$M$の値を変化させます。

R ▶ 関数dhyper(3, 10, M−10, 8, log=FALSE)を使います。確率変数$M$の値を変化させます。

クイズ3　ある島で野生のヤギの頭数$M$を推定するため、罠で捕らえたすべてのヤギ16頭にマークを付け、放ちました。次の罠で捕らえたヤギ13頭中マークを付けたヤギは3頭でした。この結果から、ヤギの頭数$M$を推定しなさい。なお、調査期間に$M$の変動はないとします。

以上、超幾何過程についてまとめると、表3のようになります。

表3　超幾何過程

| 数　量 | 式 |
| --- | --- |
| サンプル中の成功数$s$ | $f(s\|n, D, M)=\mathrm{Hypergeo}(s, n, D, M)$ |
| サンプルサイズ$n$ | $f(n\|s, D, M)=\mathrm{Hypergeo}(s, n, D, M)$ |
| 集団中の成功数$D$ | $f(D\|s, n, M)=\mathrm{Hypergeo}(s, n, D, M)$ |
| 集団のサイズ$M$ | $f(M\|s, n, D)=\mathrm{Hypergeo}(s, n, D, M)$ |

# 6-4 演習問題(参考)

これまで解説してきた確率および確率過程に関連した演習問題を参考として示します。飛ばして進んでも構いません。複雑な問題もありますが、まず自分で解答してみてください。問題を解くに当たっては最初にその事象に適用する確率過程（分布）を考えて下さい。

問題 1　ある高校では生徒の32%が近視で、また生徒の7%が肥満です。この高校から無作為に50人の生徒を選んだ時、(i)少なくとも近視か肥満のいずれかである生徒数$a$を求めなさい。(ii)近視で肥満の生徒数$b$を求めなさい。

解答　(i)　選んだ一人の生徒が少なくとも近視か肥満のいずれかである確率は、全確率1から近視でも肥満でもない確率を引いた値になります。その確率は$1-(1-0.32)\times(1-0.07)=1-0.68\times0.93\fallingdotseq0.368$ はとなります。求める生徒数$a$は二項分布に従うため、$f(a)=\mathrm{Bi}(a, 50, 0.368)$で表されます。これを$a=\mathrm{Bi}(50, 0.368)$と書くこともできます。

(ii)　選んだ一人の生徒が近視で肥満である確率は$0.32\times0.07=0.0224$ですから、求める生徒数$b$は$f(b)=\mathrm{Bi}(b, 50, 0.0224)$で表されます。これを$b=\mathrm{Bi}(50, 0.0224)$と書くこともできます。

問題 2　A地区の水道水には100ml当り平均2個の病原微生物B（原虫）が汚染しています。この水道水を200ml飲んだとき、この微生物Bを全く摂取しない確率$P_1$を求めなさい。この水道水200mlを3日間毎日飲み続けたとき、この微生物Bを1個以上摂取する確率$P_2$を求めなさい。

解答　Bがこの水道水に存在する個数はポアッソン過程に従うと考えら

第6章 確率過程

れるので、水道水200mlの個数$x$は$x=Poi\left(\frac{2\times 200}{100}\right)=Poi(4)$と表されます。従って、$x=0$となる確率$P_1$はポアッソン分布の式から$P_1=0.0183$です。

$P_2$は全確率1から3日間に全くBを摂取しない確率を引けばよいので、$P_2=1-(P_1)^3=1-0.0183^3=1-6.13\times 10^{-6}=0.999$です。

**問題 3** S農園から出荷されるリンゴのうち、1%はX病に罹っています。この農園から出荷されたりんごから無作為に選んだ50個について、少なくとも1個がX病に罹っている確率を求めなさい。

**解答** 50個のリンゴが全くX病に罹っていない確率は$(1-0.01)^{50}=0.99^{50}$ですから、少なくとも1個がX病に罹っている確率は$1-0.99^{50}\fallingdotseq 1-0.605=0.395$です。

**問題 4** コインZを12回トスした結果、表が7回出ました。このコインを使って9回トスしたとき、表の出る回数を求めなさい。

**解答** コイントスの結果は二項過程に従うと考えられ、コインZの表の出る確率$p$は試行結果から$p=\mathrm{Beta}(7+1,\ 12-7+1)=\mathrm{Beta}(8,\ 6)$です。これが事前分布です。なお、試行結果は$f(p|n,\ s)=\mathrm{Bi}(7,\ 12,\ p)$とも表せ、これを事前分布に用いることもできます。コインZを9回トスしたとき表の出る回数$s$は$f(s|n,\ p)=\mathrm{Bi}(s,\ 9,\ p)$で、これが尤度です。この問題では$p$と$s$を変数とし、事前分布と尤度の積から事後分布$\pi(s,\ p|n)$をグラフに表すと図12のような分布になります$(n=9)$。ここで$MAP$は$s=5$回で認められます。これが解答となります。なお、このグラフは各確率の値をその合計で割り、確率の合計が1となるように、**正規化**（Normalized）してあります（標準化ではありません）。この解法で12回トスした場合、当然$s=7$回が$MAP$となることが確かめられます。

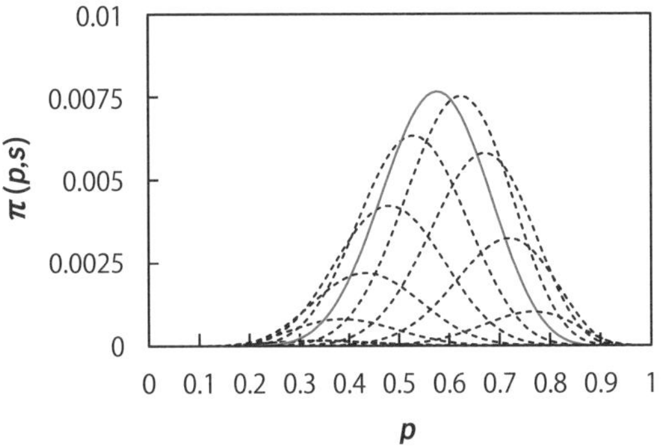


**図12** コインZを9回トスしたとき表の出る回数の推定 Ex6-1 Coin

各曲線は表の出る回数$s$(0, 1, 2, …, 9) に対応し、
その中で最も高い値を示す$s=5$の曲線を実線で、その他を破線で示します。

**問題 5** 50人からなるグループの人達の中に病原体Aに感染した人が6人います。グループ全員に病原体Aについて感度Se 0.9、特異性Sp 0.93の検査をしました。このとき、(i)陽性者数$N$pを求めなさい。(ii)この検査で全員が陽性となる確率$P$pおよび全員が陰性となる確率$P$nを求めなさい。

**解答** (i) 検査陽性者は感染者で感度以上の病原体を持っていた人と非感染者で非特異反応陽性の人です。それぞれの人数は二項分布で表せますから、陽性者数$N$pは両者の和$f(N\mathrm{p})=\mathrm{Bi}(N\mathrm{p}, 6, 0.9)+\mathrm{Bi}(N\mathrm{p}, 50-6, 1-0.93)=\mathrm{Bi}(N\mathrm{p}, 6, 0.9)+\mathrm{Bi}(N\mathrm{p}, 44, 0.07)$で表されます。これをグラフに表すと図13のようになります。このとき$MAP=6$（人）です。

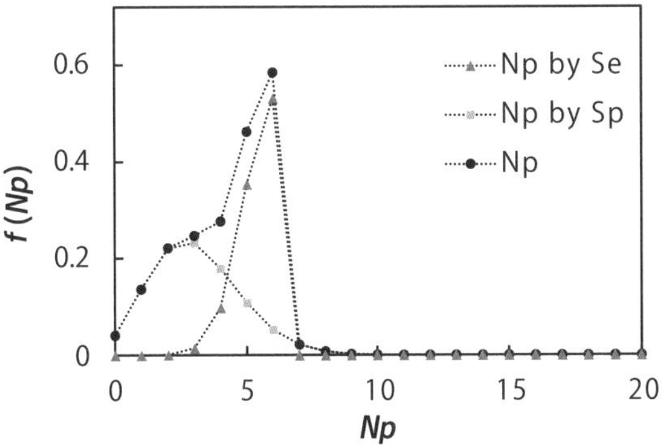


**図13** グループ中の陽性者数 Ex6-2 Positives

黒丸が全陽性者を示します。

(ii) ある感染者がこの検査で陽性となる確率は0.9ですから、感染者全員が陽性となる確率は$0.9^6$です。一方、ある非感染者がこの検査で陽性となる確率は0.07ですから、非感染者全員が陽性となる確率は$0.07^{44}$です。従って$P_\mathrm{p}=0.9^6\times0.07^{44}\fallingdotseq8.1\times10^{-52}$です。同様にして、検査で全員が陰性となる確率は$P_\mathrm{n}=0.1^6\times0.93^{44}\fallingdotseq4.1\times10^{-8}$です。

**問題 6** 50人からなるグループの人達全員に感度Se 0.97、特異性Sp 0.94のA感染症に関する検査をした結果、6人が陽性でした。実際に感染していた人は何人ですか。

**解答** 実際に感染していた人数を$x$とすると、陽性者数は感染者で感度以上の病原体を持つ人数$N$seおよび非感染者で非特異反応による人数$N$spから成り立ちます。$N$seはBi($x$, 0.97)で、$N$spはBi(50−$x$, 1−0.94)＝Bi(50−$x$, 0.06)で表されます。

一方、例えば$N$seが2人のとき、$N$spは6−2＝4人です。この組み合わせとなる確率はBi($x$, 2, 0.97)とBi(50−$x$, 4, 0.06)の積です。$N$seと$N$spの組み合わせは{0, 6}, {1, 5}, {2, 4}, …, {6, 0}の7組あります。

従って、$x$を確率変数と考え、各組の確率の和に対してプロットすれば、$x$の分布$f(x)$が次の図のように得られます。なお、このグラフは正規化してあります。図に示すように$MAP$＝4（人）です。なお、特異性Spが下がるとMAPも下がり、感度Seが下がるとMAPは上がります。

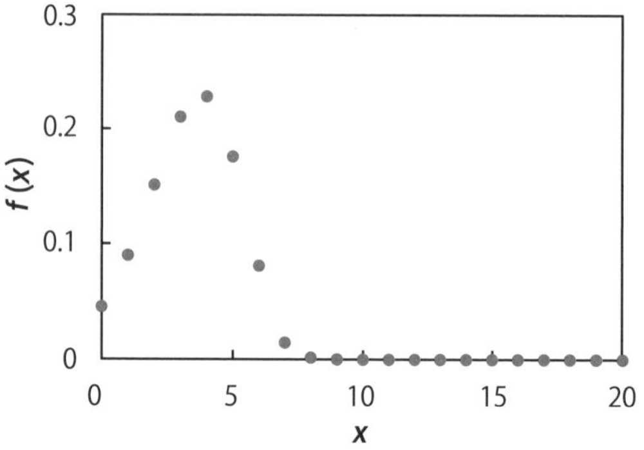


図 14 グループ内で実際に感染していた人数 Ex6-3 Infected

**問題 7**　1ロット50 kgの原料から1個0.5 kgの食品を100個製造している工場があります。

(i)　あるロットで11個の製品から異物（金属片）が検出されました。このロットに製造中混入した金属片の数を推定しなさい。

(ii)　このロットで製造中原料に9個の金属片が混入しました。このロットで金属片が検出される製品の数を推定しなさい。

**解答**　原料に金属片が混入した場合、製品1個あたりに存在する金属片数はポアッソン分布に従うと考えられ、ロット内で混入した製品数は二項分布に従うと考えられます。すなわち、第4章5節で説明したde Manによる最確数法がこの問題に適用できます。

(i)　原料50 kg中の金属片の数$x$を確率変数とします。原料中での$x$の濃度は$x/50$ (1/kg)であり、製品0.5 kgに存在する確率$p$は1から0個である確率を引いた値ですから、$p=1-\mathrm{Pois}(0)$です。ここで、このポアッソン分布の平均は$x/50\times0.5$ですから、$p=1-\exp(-x/25)$と表されます。次に、この確率で1ロット100個中11個が検出されることは二項分布$\mathrm{Bi}(50, 11, p)$と表されます。

これらから金属片の数$x$をグラフに表すと図15になります。この分布の最頻値を最確数$MPN$とすると、$MPN=12$です。ただし、もしすべての製品から検出されると、$x$の推定値は得られません。

なお、この問題でもし事前に情報がない場合、事前分布に一様分布を適用すると、尤度（図15）がそのまま事後分布となります。

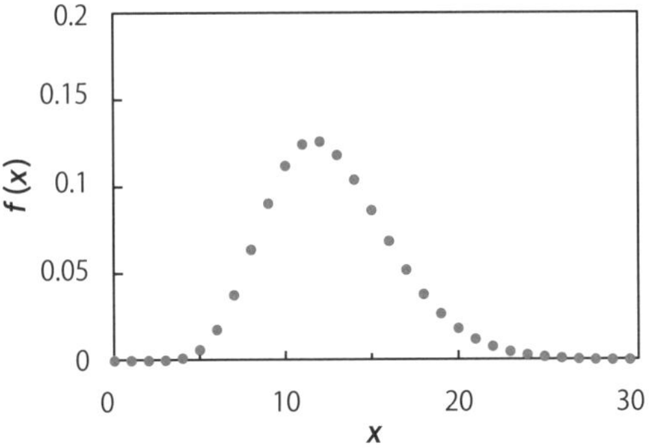


図15　原料中の金属片数　Ex6-4 Metal strips

(ii)　金属片が検出される製品の数$n$を確率変数とします。製品1個当たりの金属片の平均は$9/50 \times 0.5 = 0.09$です。(i)と同様に考えると$n$は図16のように表されます。この分布で$MPN=8$です。この問題でもし事前に情報がない場合、事前分布に一様分布を適用すると、尤度（図16）がそのまま事後分布となります。

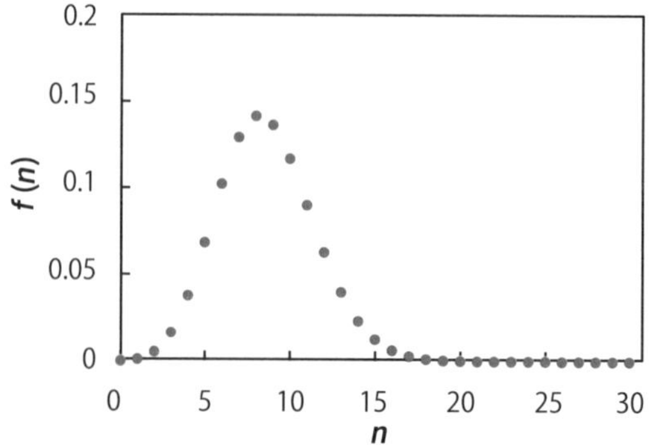


図 16　金属片が検出される製品の数　Ex6-5 Products

原料中の金属片数$x$と混入した製品数$n$とは互いに関連しているため、参考までに両者の関連をそれぞれ得られた$MPN$を使って調べてみましょう。まず、(i)で得られた$x$の$MPN=12$を(ii)に代入すると、$n$について$MPN=11$が得られ、条件であった$n=11$と一致します。一方、(ii)で得られた$n$の$MPN=8$を(i)に代入すると、$x$について$MPN=8$となり、条件であった$x=9$とはやや異なります。同様な結果がその他の条件でも見られます。

# 第7章

# リスクとリスクアナリシス

第1章から第6章までリスクを理解するための確率及び確率分布の基礎を説明してきました。この章ではそれらを基にリスクとリスク評価について解説します。リスクは現在社会においていろいろな場面で使われていますが、しばしば不明確なあるいは誤った使い方をしている場合があります。本章ではリスクについて定義し、その基本的考え方を解説します。

# 7-1 リスクの定義

本書ではリスクを**「ある行動を取ったときに生ずる不都合な結果が起きる確率」**とします。英語では“If …, then ….”あるいは“What if”で表わせます。例えば、もしこの金融商品を購入したら、金銭的損失がどのような確率で生まれるだろうか、と考えることがリスクを考えることになります。もしその行動を取らなかったとすると、リスクも生じないと考えられます。「ハイリスク・ハイリターン」の金融商品があってもそれを購入しなければ、何の金銭的損失リスクも起こりません。一方、「巨大地震の発生リスク」のような用法でリスクが使われることがありますが、何か行動した結果、巨大地震が起きるわけではないので、本書で説明するリスクとは異なります。この場合は単に「巨大地震の発生確率」という方が適切と考えられます。

一般にリスクは「存在する危害要因（Hazard）が有害な結果を起こす確率とその結果の程度からなる」と定義されています。危害要因とは危害を加えると考えられる要因ですが、例えば食品を汚染するサルモネラあるいは有機水銀などがあります。このような危害要因が含まれた食品を喫食すると、下痢や水俣病のような有機水銀中毒という健康被害を引き起こし、その程度は下痢のような軽症のものから重度の神経障害、さらには死亡まで幅広くあります。

リスクについて注意すべき点は危害要因とそれによって起きる有害な結果（事象）を具体的、明確にすることです。ハイリスクの金融商品を購入する場合、危害要因はその商品価値の不安定性で、有害な結果はその価値下落による金銭的損失と分かりやすいですが、例えば「喫煙による健康リスク」では不明確です。「喫煙による肺がんリスク」のように、有害な結果を明確にする必要があります。場合によっては「喫煙による肺がんと高血圧症のリスク」のように、一つの危害要因から複数の結果が生じる可能性もあります。一方、肺がんという有害な結果について喫煙以外にも大気汚染などいろいろな危害要因が考えられることがあります。

**リスクアナリシス**（Risk Analysis）ではその行動を起こす前に各種の危害要因によって不都合な結果が起きるリスクを評価し、その評価に基づき、予想される結果に対して取るべき対策を考えたり、行動それ自体を変更あるいは中止することも考えられます。これらの対応は事前の対応です。**リスク評価**（Risk Assessment）は当然、この事前対応のために行なわれます。一方、不都合な結果が起きてしまった場合、それに対する対応は事後対応になります。例えば、あるレストランで食中毒事件が起きた場合、保健所がその対応に当たることは事後対策となります。図1に事前対応と事後対応に関して時間軸に沿った概念を示します。

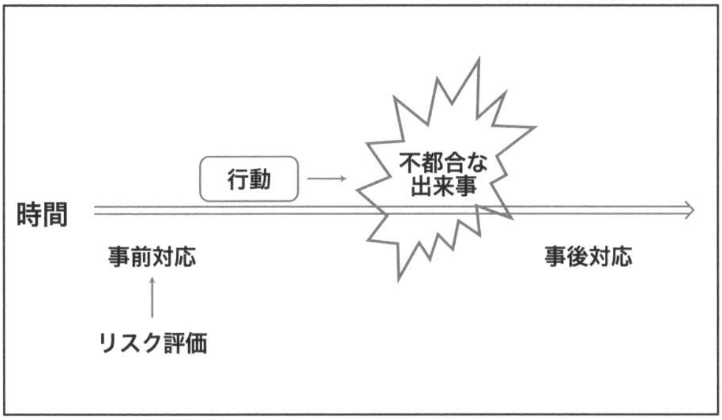


図1 事前対応と事後対応

リスク評価が環境問題であれば、例えば火力発電所を建設しようと計画を立てた場合、その地区に及ぼす大気汚染、水質汚染などについて事前にリスク評価することになります。つまり、もし火力発電所を建設した場合（図1の「行動」）、その地区の住民の健康や自然環境に悪影響（図1の「不都合な出来事」）が出ないかを評価します。これは環境省などで行われている環境影響評価、いわゆる環境アセスメントで、開発する事業者が行ないます。

食品安全分野であれば、例えば食品原料を加工する場合、それが有害微生物あるいは有害物質にどの程度汚染されているかあるいは品質はどうかを事前に評価することがリスク評価に相当します。その結果、その原料から作られた食品を喫食すること（図1の「行動」）によって消費者に健康被害（図1の「不都合な出来事」）が出ないように、例えば原材料に対して基準値、いわゆる成分規格を作成します。このためのリスク評価は内閣府食品安全委員会で行われるいわゆる食品健康影響評価になります。また、原料の品質についても事前に評価し、それを使って不良品が生産されないように管理する必要があります。

リスク評価は私たちにとって不都合な出来事を対象としますが､一方で、好都合な出来事に対しても同じ方法で起こる確率を求めることができます。つまり、好都合な出来事を起こす確率を上げるためには、どの要因に注目すればよいかなどが解析できます。

一方、食品は私達が日常生きていくために不可欠なものですが、半面で健康被害を及ぼし得る、すなわちリスクをもつと考えられます。例えば食品中の食塩はヒトの生命活動にとって不可欠な物質ですが、一方、それを摂取しすぎると高血圧、脳卒中などのリスクが高まります。したがって、リスクのない（ゼロリスクの）食品はないと考えてよいでしょう。

なお、本書のタイトルである「リスク解析」は上述したリスクアナリシスを直接指すものではなく､「一般的にリスクを解析する」という意味です。これはD. Boseの“Risk Analysis” (2008) と同じスタンスです。

# 7-2 リスクアナリシス

リスクに対して安全性を確保するため、リスクアナリシスという手法が国際的に確立されています。ここでは例として食品安全分野でのリスクアナリシスの説明をします。食品安全分野では国際連合の世界食糧農業機関（FAO）と世界保健機関（WHO）の合同組織であるコーデックスCodex委員会から各種の指針が発表されています。その指針では図2に示すようにリスクアナリシスは**リスク管理**（Risk Management）、**リスク評価**（Risk Assessment）、**リスク伝達**（Risk Communication）の3つの要素から成り立っています[1),2)]。リスク管理は厚生労働省、農林水産省などの行政側が行ない、リスク評価を基に安全性を確保するための施策を決定し、実行する過程です。リスク評価は食品安全委員会のような中立な立場から対象とするリスクに関して科学的根拠に基づいて評価を行ないます。リスク伝達はリスク管理者、リスク評価者のみならず学会、産業界、消費者などすべての関係者の間でリスク情報を公開し、伝達することを意味します。

本書では食品安全分野でのリスクアナリシスの要素であるリスク評価について説明していきます。**国際規格機構**（International Organization for Standardization, ISO）でのリスクアナリシスとリスク評価は上述した食品安全分野での定義と異なっている部分があります。しかし、本書で後述するリスク評価はどの分野にも共通する基本的考え方を説明しているので、問題はありません。

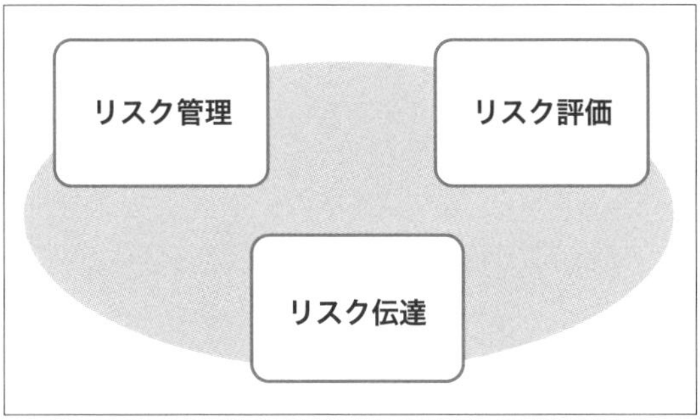


図2 食品安全分野でのリスクアナリシス

### ■ 参考 ■ 国際規格機構(ISO)でのリスクアナリシスとリスク評価

国際標準化機構(ISO)ではリスクアナリシス（Risk Analysis）はリスク評価（Risk Assessment）の一要素となっていて、上記のCodex委員会によるリスクアナリシスとは構成、用語などが大きく異なっているので注意して下さい[3]。すなわち、図3に示すようにISOのリスクマネジメント指針ISO12100（JIS B9700）ではリスクアセスメント（Risk Assessment）は4つの手順からなり、

①機械類の制限の決定（Determination of the limits of the machinery）

②危険源の同定（Hazard Identification）

③リスクの見積り（Risk Estimation）

の順に行ない、この3つをリスク分析といいます。次に④リスクの評価（Risk Evaluation）を行ないます。このRisk Evaluationがリスクの評価と和訳されているので、混乱を招きます。

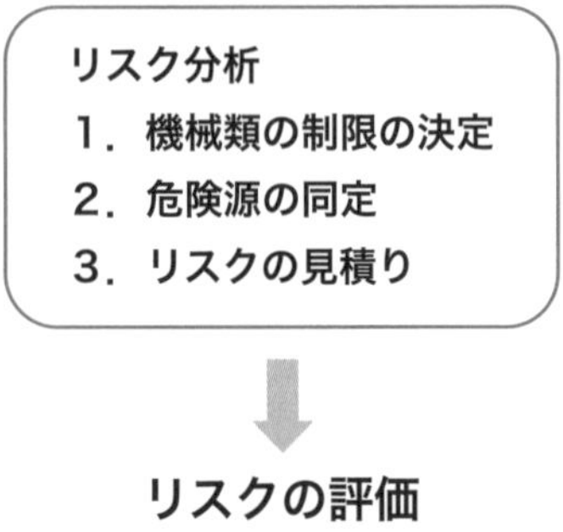


図3 リスクアセスメント (ISO12100)

# 7-3 リスク評価



食品安全分野でのリスク評価は次の4つの要素から成ります。

① **危害要因の特定**（Hazard Identification）：物理的、化学的および生物学的危害要因を特定すること。

② **危害要因の判定**（Hazard Characterization）：特定した危害要因の特徴を明確にすること。ここで、用量（摂取量）—反応（疾病率）評価（Dose-Response Assessment）が行われます。

③ **暴露評価**（Exposure Assessment）：特定した危害要因を摂取した（暴露された）量を評価し、最終的な摂取量を推定します。

④ **リスク判定**（Risk Characterization）：危害要因の示す健康へのリスクを定量的あるいは定性的に明確にすること。すなわち、摂取された有害物質量と用量—反応モデルから最終的なリスクを推定します。

暴露評価は食品について対象となる危害要因、すなわち有害物質（化学物質、病原微生物、放射性物質など）を摂取する量を推定する操作を指します。なお、食品中の病原微生物は食品の製造から喫食に至る各過程で菌数が増減する可能性があるため、その菌数挙動を推定するため各種の予測微生物学モデルが使われます[4)]。

リスク評価の危害要因判定では用量-反応評価を使って判断します。有害物質が最終的に食品とともに体内に摂取された場合、発症する確率は有害物質の摂取量が多くなるにつれて高くなると一般に考えられます。この関係を用量-反応関係といい、この関係を表わすため各種の統計モデルが使われています。

リスク評価は定性的リスク評価と定量的リスク評価に分けることができます。定性的リスク評価は**確率-インパクトスコア**（Probability-impact scores）などを使って評価します。例えば、表1に示すようにある危害要因のリスクについて起こりうる確率をほとんど起こりえない、まれに起きる、時々起きる、よく起きるなどのカテゴリーに分けます。リスクのインパクトすなわち被害の程度（重篤性）も軽微、中程度、重大などのように分けます。該当する確率とインパクトからスコアを付けます。スコアが高いほど、リスクの重大性を示します。この図では最高点を5点にしています。対象とする各危害要因の起きる確率とインパクトからスコアを得ます。例えば、インパクトが中程度で、起きる確率がまれであれば、2点となります。

この方法はスコアに基づいて評価するので、半定量的とも考えられます。また、この方法は迅速にリスク評価をする場合には簡便で有効と考えられますが、欠点としてスコアなどに基準がないため、評価者の主観に影響される可能性があります。

**表1** 確率－インパクトスコアの例

| 確率 ＼ インパクト | よく起きる | 時々起きる | まれに起きる | ほとんど起こりえない |
|---|---|---|---|---|
| 重大 | 5 | 4 | 3 | 2 |
| 中程度 | 4 | 3 | 2 | 1 |
| 軽微 | 3 | 2 | 1 | 1 |

一方、定量的リスク評価は得られたデータを統計学モデルおよび数学モデルを使って解析し、最終的にリスクを健康被害が起こる確率として評価します。そのため、より詳細で客観的な評価ができると考えられています。本章ではこの定量的方法について説明します。

定量的リスク評価はさらに決定論的リスク評価と確率論的リスク評価に分けることもできます。決定論的とは微分方程式などを使って、最終的にある一つの数値に決めることです。実際には両方の手法を組み合わせて評価をすることができます。例えばサルモネラが生残したオムレツを食べて下痢症になる場合を考えると、原材料である鶏卵中の本菌の汚染状態を確率モデルを使って表すことができます。次に、調理から喫食に至る各過程でのサルモネラの増殖および死滅は温度、時間などの環境条件から予測微生物モデルを使って決定論的に決めることができます。次に、サルモネラによる最終的な発症確率はオムレツ中の推定生残菌数から後述する用量

－反応モデルを使って行ないます。

本章ではおもに食品安全を例として有害物質に対するリスクの定量的考え方について解説しますが、この考え方はそれ以外の分野でも共通して適用できる内容です。その際、対象とする危害要因によって生じる健康被害の程度は、例えばサルモネラが汚染したオムレツを喫食した場合の下痢症のように推定できます。そこで、リスクとは上記のインパクトを割愛し、対象とする行動をとることによって不都合な結果が起こる「確率」であると考えた方が理解しやすいので、以後リスクは単に確率として捉えて説明します。

# 7-4 リスク推定

## 点推定

リスクを被害の起きる確率としたとき、それはどのように推定すればよいのでしょうか。例えばある食品を摂取した結果、その中に有害物質（病原微生物または有害化学物質）が汚染していたため、健康被害を受けた（発症した）とします。そのときの有害物質の摂取量（暴露量）を$x$とします。暴露量の単位は病原微生物の場合、摂取した菌数です。有害化学物質の場合、正確には喫食による体内(例えば血液中)の濃度ですが、ここでは単純化して摂取した量（重量）とします。

有害物質の摂取量$x$に対応して健康被害の起きる確率を$g(x)$とします。関数$g(x)$は**用量－反応モデル**（Dose-response model）を使って表わされます。$x=0$であれば当然、発症する確率は0あるいはほぼ0ですが、$x$が増加するにつれて単調に増加し、ある程度以上の値になると$g(x)=1$に近づきます。模式的に摂取量$x$と$g(x)$の関係をグラフで表すと、一般に図4のようなS字曲線で表せます。なお、ここでは対数変換した摂取量$\log x$についてS字曲線が描かれていますが、実際にはこのような関係が多く見られます。この図では有害物質の摂取量が$100=10^2$、つまり2 log CFU/g（あるいは$\mu$g/g）であった場合、用量－反応曲線から発症確率は0.211と求められます[注)]。この値が点推定したリスクの値です。

注） CFU=colony forming unit （第４章５節参照）

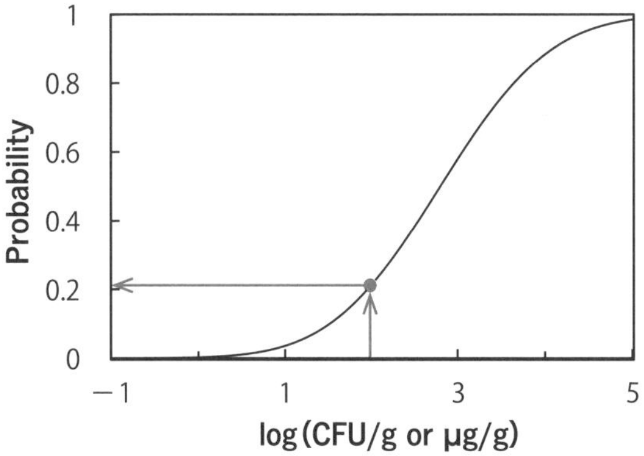


図4 リスクの点推定

青丸は摂取量での発症確率を示します。

## 暴露量分布を用いた推定

点推定された値をリスクと考えても間違いではありませんが、暴露量の分布（変動性）を考えることによってさらに正確にリスクを推定することができます。すなわち、食中毒菌あるいは有害物質の暴露量には分布が考えられるので、その分布を$f(x)$、暴露量に対応する健康被害の起きる確率を用量－反応関数$g(x)$とすると、リスク$R$は次の式で定義できます[5)]。

$$R=\int f(x)g(x)dx \tag{1}$$

式(1)に従ってリスクを計算すると、例えば図5のように示すことができます。ここでハザードの暴露量の分布$f(x)$は正規分布N(2, 1)に従うとします（ただし、log単位）。実際の計算は用量の非常に小さい幅⊿$x$について関数$f(x)$と$g(x)$の積を計算し、それを積算して行います。リスクは式(1)のように暴露量と用量反応モデルの積の総和と捉えられるため、グラフ上で両曲線の重なった部分にリスクが生じます。図5では暴露量が0から4 log(CFU/gまたはμg/g)の範囲でリスクの増加がみられます。ただし、3 log以上の高濃度の曝露量では用量－反応曲線では高い値を示すものの、その存在確率$f(x)$が非常に小さいため、リスク自体はあまり増加していないことがわかります。この図ではリスク（発症率）の値は曲線Cに示されるように最終的に0.246となります。

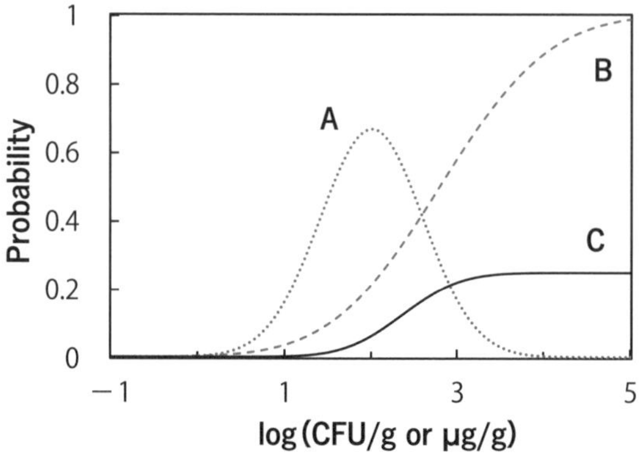


図5 リスクの概念 Ex7-1 Risk

曲線Aはハザードの暴露量分布(対数値)、曲線Bは用量−反応曲線、曲線Cは定義に従って計算したリスクを示します。

一方、曝露量の平均から求めた点推定のリスクは、式(1)による値よりも低い値となります。上記の例では点推定したリスクは0.211、曝露量の分布から求めたリスクは0.246ですから、点推定値はその86％(＝0.211/0.246)となり、過小評価した値になります。

リスクの大きさは暴露量分布と容量−反応曲線の相対的な関係で決まります。容量−反応曲線に比べて有害物質の暴露量分布の平均が低い濃度にある場合、図6Aに示すようにリスクは低く、この例ではリスクは最終的に0.0107と計算されます。一方、容量−反応曲線に比べて、有害物質の暴露量分布の平均が高い濃度にある場合、図6Bに示すようにリスクは増加し、この例では最終的に0.618に達しています。

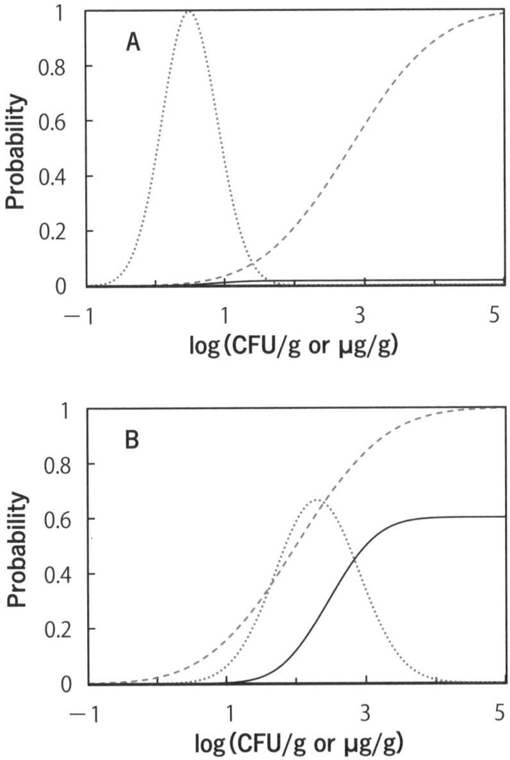


図6 リスクの生成

点線はハザードの暴露量分布、破線は用量−反応曲線、
実線は生成したリスクを示します。

日本人のメチル水銀摂取量は現在、ほとんどが魚介類、特にマグロなど大型魚類の喫食によると考えられています。中西らのデータを用いて日本人全体を対象集団とし、メチル水銀摂取による水俣病に対するリスクを計算します[5]。すなわち、日本人の体内濃度分布を赤血球中の濃度で平均が0.01126 mg/kg、標準偏差が1.7 mg/kgの対数正規分布に従うとします。また、用量−反応関係として平均2.916 mg/kg、標準偏差が2.7 mg/kgの対数正規分布の累積関数を用います。この二つの関数を上述した式(1)に入れ、数値計算をすると発生するリスクは最終的に$4.0 \times 10^{-7}$と計算されます。一方、中西らは計算方法が異なりますが、$4.3 \times 10^{-7}$とほぼ等しい値を算出しています[5]。いずれにしてもこのリスク自体は無視できるほどの非常に小さい値です。一方、感受性の高い胎児のようなハイリスク集団に

対しては当然、用量－反応曲線は低濃度側に移動すると考えられ、高いリスクが予測されるので、注意が必要となります[6)]。

参考文献

1) Codex. https://www.fao.org/3/y4800e/y4800e0o.htm
2) 食品安全委員会． 食品の安全性に関する用語集 http://www.fsc.go.jp/yougoshu.html
3) ISO31000:2018. Risk management Guidelines. https://www.iso.org/obp/ui/#iso:std:iso:31000:ed-2:v1:en
4) 藤川浩．2015.「Excelで学ぶ食品微生物学」 オーム社
5) 中西準子、益永茂樹、松田裕之． 2003.「演習　環境リスクを計算する」岩波書店
6) 厚生労働省．魚介類に含まれる水銀について． https://www.mhlw.go.jp/topics/bukyoku/iyaku/syoku-anzen/suigin/

# 第8章

# リスク評価

本章ではリスク評価の基本的考え方を食品安全分野を基に説明します。環境問題においても有機水銀などの汚染物質は食品由来の摂取量が多くを占めるので、共通部分が多いと考えられます。また、対象有害物質が化学物質か病原微生物かによってリスク評価の内容に違いがあるので、本章では二つに分けて説明します。

# 8-1 化学物質におけるリスク評価

食品中に含まれて健康被害を及ぼす可能性のある物質には①農薬、食品添加物、動物用医薬品のようにある目的があって人為的に食品あるいはその原料に使用する化学物質と②ダイオキシン、ポリ塩化ビフェニル(PCB)、有機水銀及び放射性物質のように環境汚染により食品原材料を汚染している物質とに大別できます。

一方、ヒトの健康に対する影響からこれらの物質の中には一般毒性をもつ物質と発がん物質に分けられます。発がん物質はさらに遺伝毒性発がん物質と非遺伝性発がん物質に分けられます。なお、遺伝毒性とは染色体、核酸に直接作用し、障害を与えるもので、影響が次世代にまで現われるという意味ではありません。

有害物質は主に実験動物を使って得られたデータを基にその毒性を評価します。動物への投与量（用量）が非常に少量の場合はその毒性発現が非常に弱くて測定できないか、できても投与量0の対照と統計的な有意差が得られなくなります。一般毒性物質と非遺伝性発がん物質は非常に低量領域では毒性を表さず、ある量（閾値）を超えてから作用を表わすと考えられています。この毒性を表さない最大量をその**無毒性量**（No Observed Adverse Effect Level, NOAEL）といいます。一方、遺伝毒性発がん物質は、いろいろ検討されましたが、無毒性量は存在しないと一応考えられています。すなわち、ごく低用量領域でもその量に比例（線形関係）して発がん作用はあると考えられています。この考え方は放射線、放射性物質のヒトに与える健康被害と同じです。

## 無毒性量を用いた評価

動物実験で有害物質Tの1日当たり及び体重1 kg当たりの投与量(Dose)と毒性の発現（Response）が図1に示すような用量反応関係が認められたとします。つまり、低用量域では毒性の発現率はほぼ0ですが、ある値以上から投与量0の対照群と比べて統計的に有意な反応が認められたとします。この図では3.5 mg/kg/day以上の投与量で有意な差が認められたとします。この物質は毒性の発現に閾値があると考えると、3mg/kg/dayが毒性の現れない最大量となり、この値が無毒性量です。なお、この図で3.5 mg/kg/dayは毒性の発現が認められた最小量となるので、この量を**最小毒性量**（Lowest Observed Adverse Effect Level, LOAEL）といいます。

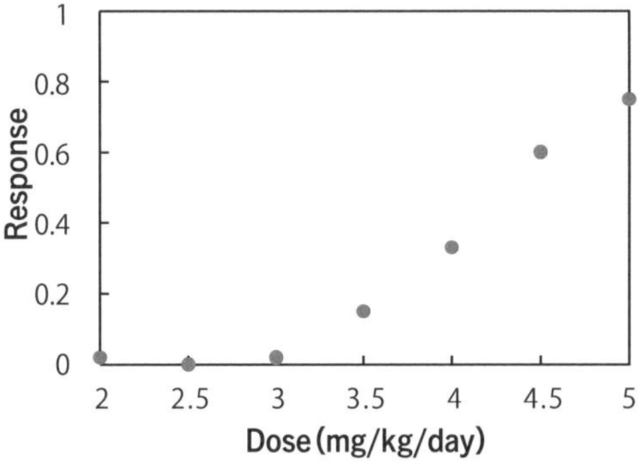


図1　用量－反応関係と無毒性量 NOAEL

食品に人為的に加えられた化学物質について、この無毒性量を**不確実性係数**（Uncertainty Factor, UF）（安全係数ともいう）で割った値を**1日許容摂取量**（Acceptable Daily Intake, ADI）とよびます。UFの値は対象物質によって大きく異なりますが、各物質がもつ不確実性の積に等しくなります。すなわち、感受性の差がヒトと実験動物の間で10あり、ヒトの集団内で10あると考え、両者の積である100が一般に使われます。したがって、図1の例でADIは3/100＝0.03 mg/kg/dayとなります。ADIはヒトがその物質を毎日一生涯摂取し続けても健康被害を及ぼさない摂取量の最大量と定義され、単位はmg/kg/dayのように体重1 kg当たりの量で表します。例えば食品添加物では安全性試験として実験動物を使って反復投与毒性試験、繁殖試験、催奇形試験、発がん性試験など複数の試験を行ないます。これら試験結果から得られた各ADIの中で最小の値がその物質のADIとなります。

環境由来で食品を汚染する有害物質についても同様に考え、その値を**耐**

**容1日摂取量**（Tolerable Daily Intake, TDI）といい、TDIの単位もmg/kg/dayのように表わします。ただし、ダイオキシン類ではその種類によって毒性の強さが非常に異なるので、それを係数として積算した毒性等量（Toxic Equivalent Quantity, TEQ）という単位を使います。したがってTDIの単位は例えばpg-TEQ/kg/dayとなります[注)]。

■　**参考**　■　ベンチマーク用量法

無毒性量（NOAEL）を使った毒性評価方法の他に、最近多く使われている方法が**ベンチマーク用量法**Benchmark dose (BMD) approachです。NOAELは上記のように該当する1点のみでの解析であり、その他の用量でのデータが十分活用されていません。一方、BMD法は実験動物のデータや疫学調査から得た数多くの用量-反応データを使うことができ、より正確なリスク評価ができると考えられ、無毒性量を使った手法よりも科学的に優れた手法と結論づけられています。農薬、添加物、汚染物質など多くの化学物質でNOAELとBMDの値が現在、併記されています。

この方法は対象物質の用量-反応関係についてできるだけ多くの測定点を使い、得られたデータを数学モデルを使って解析し、リスク評価に関わる指標の値を推定します。その指標として、**ベンチマーク用量**（Benchmark dose, BMD）があり、これは例えば実験動物で体重の5%減少、腎毒性の10%増加のようにある割合の測定可能な生体影響を起こす推定量です。このとき、データの不確実性（バラつき）を考慮して推定量の信頼範囲の下限値を次に示す方法で求めます。この値を**ベンチマーク下限信頼値**（Benchmark dose lower confidence limit, BMDL）といい、BMD法の指標として用いられます。

BMD法の概念を図2に示すと、最初に各投与量での生体反応データから数学モデルにフィットさせた用量-反応曲線とその95%信頼区間を描きます。次に用量0（バックグラウンド）のときに比べて生体反応がある比率で高い点を考えます。この比率をベンチマーク反応(Benchmark Response, BMR）とよび、この図ではBMR＝10%の例を示します。

注）pg=$10^{-12}$g

さらにBMR濃度での対象物質の用量を推定します。つまり、BMR＝10%を示す直線と用量-反応曲線と交差する点がBMDの点推定（Point estimate of BMD）であり、その値は図では2 mg/kg（点B）です。BMDLはBMR＝10%の直線と上限の信頼区間との交点となり、この図では1.7 mg/kgとなります（点A）。また、BMR＝10%の直線と下限の信頼区間との交点をベンチマーク上限信頼値（BMDU）といい、この図では2.3 mg/kgとなります（点C）。なお、BMD、BMDLなどの値は用いた数学モデルによって（つまり用量-反応曲線と共に）変わることに注意が必要です。

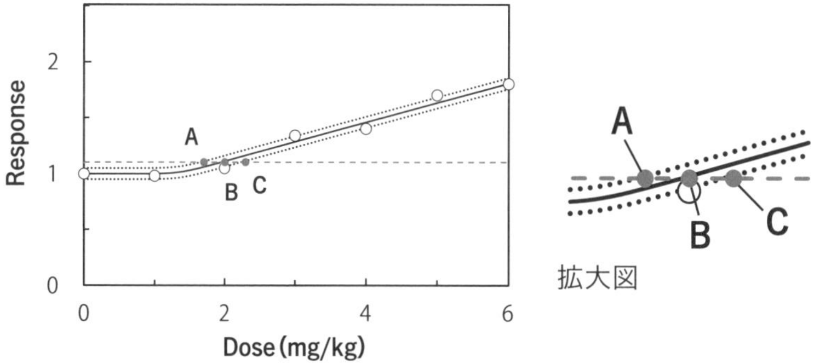


図2 BMD法の概念図[1]

実線および点線は実測値（○）から数学モデルを使って得られた曲線とその上方および下方95%信頼区間を示します。破線はBMR=10%を示します。
点A：BMDL、点B：BMR10での点推定値、点C：BMDU

ベンチマーク用量法では表1に示すように用量-反応曲線を描くために数多くの数学モデルがあります[2]。つまり、計量データについては指数関数モデル、ヒル（Hill）モデルなどが、陽性/陰性からなる計数データについてはロジスティックモデル、プロビットモデルなどがあります。

**表 1　用量-反応モデル**

| | |
|---|---|
| 1. 連続データ | |
| ミカエリス-メンテン則 | $R = R_{max}\dfrac{[S]}{K_M + [S]}$ |
| ヒル式 | $R = R_{max}\dfrac{D^n}{K_D^n + D^n}$ |
| 1次反応式 | $R = R_{max}(1-e^{-rD})$ |
| べき乗則 | $R = \beta D^{\alpha}$ |
| 線形 | $R = mD$ |
| 2. 計数データ | |
| 単ヒット | $R = 1-e^{-(\alpha+\beta D)}$ |
| ガンマ多ヒット | $R = \Gamma(\text{gamma}\,D, k)$ |
| プロビット（正規） | $R=\Phi(\alpha+\beta D)$ |
| ロジスティック | $R = \dfrac{1}{1+e^{-\alpha-\beta D}}$ |
| ワイブル | $R = e^{-(\alpha+(\beta D)^{\gamma})}$ |

R：反応の強さ、$R_{max}$：Rの最大値、[S]：基質濃度、$K_M$：ミカエリス-メンテン定数、D：用量、$K_D$：定数、
m, n, r, kおよびギリシャ文字：パラメーター、Γおよびϕ：各分布の確率密度関数、gamma：パラメーター、e：自然対数の底

## 遺伝毒性発がん物質

遺伝毒性発がん物質は上述したように閾値、すなわち無毒性量がないため非常に低用量であっても日常的に摂取する場合、健康にリスクが発生すると考えられています。そして、この低用量域では放射線暴露によるヒット理論を応用し、用量0から直線的に用量-反応関係があると考えられています。ただし、実験でこれを明確に確かめることはできません。

単ヒット理論は一つの細胞または生体分子に遺伝毒性発がん物質が1度ヒット（障害を与える）すれば、悪影響が起こると考えます。ヒットする確率はポアッソン分布に従うと考えると、用量$D$で反応が起こる確率P($D$)は全体1から全くヒットしない確率を引いた値になり、次の式で表せます。ここで$q$は用量$D$が1のときその発がん物質が細胞または生体分

子にヒットする確率を示します。

$$P(D) = 1 - \exp(-qD) \quad (1)$$

ただし、用量$D$が非常に0に近い値のとき、$\exp(-qD)$は$1-qD$で近似できるので、式(1)は単に次の式(2)で表せます。

$$P(D) = qD \quad (2)$$

すなわち、低用量域ではがん発生確率は用量$D$に比例すると導き出せ、それを模式的に表わすと図3のようになります。

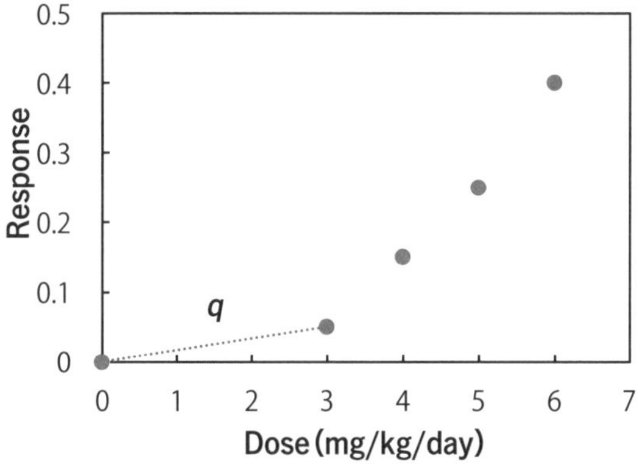


図3　遺伝毒性発がん物質の低用量域における用量−反応評価

$q$は直線部分の傾きを示します。

遺伝毒性発がん性物質のリスク評価に関して**暴露マージン（幅）**（Margin of Exposure, MOE）という指標が近年、国際的に使われています[2),3)]。MOEとは毒性試験等で得られたNOAEL、BMDLなどの生体影響に関する指標の値を実際のヒトの暴露量（摂取量）で割った値と定義されます。例えば、化学物質AについてNOAELが30μg/kg/dayで、日常のヒトの暴露量が0.2μg/kg/dayの場合、MOEは30/0.2＝150です。MOEの値が大きいほど安全性への余裕があると考えられます。

MOE自体は生体影響が起きる確率を表してはいませんが、リスク管理の指標として使いやすい指標であると考えられています。また、MOEの値は対象とするヒトの集団を成人、子供、その他の特定の集団に分けて計算できます。MOEを設定する際の基準点としてBMDを使うよう推奨されています。

# 8-2 病原微生物におけるリスク評価

病原微生物による健康へのリスク評価においては、遺伝毒性発がん物質や放射性物質と同様、食品と共に病原微生物を1個でも摂取すると発症する確率はあると考えられています。国際的には摂取した病原微生物数と発症率の関係についてヒット理論を基にモデルを作成しています[8)]。すなわち、1個の病原菌が食品とともに摂取されたときに発症する確率を$p$とすると、発症しない確率は$1-p$です。したがって病原菌を$D$個摂取しても発症しない確率は$(1-p)^D$となります。最終的に発症する確率$\mathrm{P}(D)$は全確率1から発症しない確率を引いた値となり、次の式で表されます。

$$\mathrm{P}(D)=1-(1-p)^D \tag{3}$$

式(3)を基本の式として菌数$D$にポアッソン分布を仮定すると、最終的に次の式のように表され、これを**指数モデル**といいます。ここで$r$は係数です。

$$\mathrm{P}(D)=1-\exp(-rD) \tag{4}$$

また、式(3)の菌数$D$にポアッソン分布を仮定し、確率$p$がベータ分布に従うと仮定したモデルが**ベーター-ポアッソンモデル**です。このモデルは次の近似式で表せます。

$$\mathrm{P}(D)=1-\left(1+\frac{D}{\beta}\right)^{-\alpha} \tag{5}$$

ここで、$\alpha$および$\beta$は係数です。なお、$\alpha<<\beta$かつ$\beta>>1$である必要があります。その他、経験論モデルとして対数ロジスティックモデル、対数プロビットモデル、ワイブルモデルなどがあります。

一般には摂取菌数と発症率のデータのフィッティングに対しては指数モデルとベーター-ポアッソンモデルが適用されています[4)]。式(4)と(5)を比べると、指数モデルの係数が1つに対して、ベーター-ポアッソンモデルでは係数が2つあるため、データへのフィッティングは良いと考えられます。一方、対数ロジスティックモデルもこれらのモデルと同等あるいはそれ以上に良いフィッティングを示します。対数ロジスティックモデルは第4章で説明したロジスティック回帰式のロジット関数で次のように用量Dの対数を使ったモデルです。

$$\mathrm{logit}(P) = a_1 \log D + a_2 \tag{6}$$

実験動物での感染データへ適用した例を図4に示します[5)]。

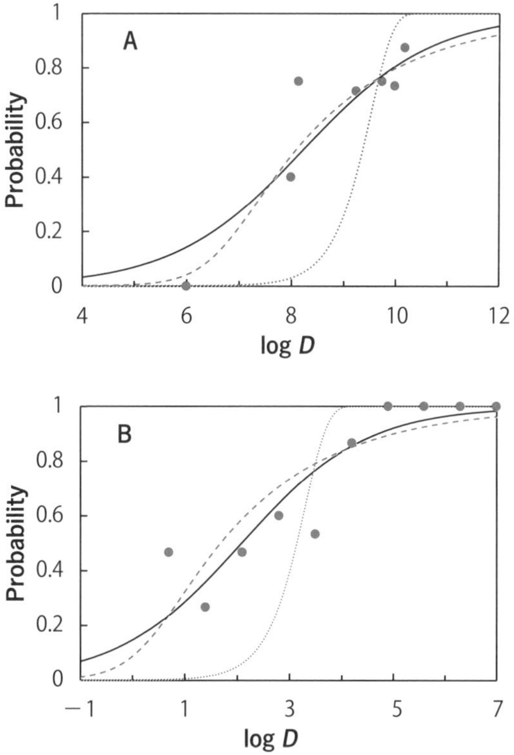


図4　感染データへの用量-反応モデルの適用

青丸は測定値、実線は対数ロジスティックモデル、破線はベーター-ポアッソンモデル、点線は指数モデルによるフィッティング曲線を示します。

A. 病原大腸菌、B. サルモネラ

感染データに対する3モデルのフィッティングの適合性を以前説明したAICで比べると、表2に示すようにベーター-ポアッソンモデルと対数ロジスティックモデルはほぼ同等であり、指数モデルよりも高い適合性を示すことが分かります。

**表2**　3モデルのフィッティングの適合性(AIC)

| モデル / 病原菌 | 対数ロジスティックモデル | ベーター－ポアッソンモデル | 指数モデル |
|---|---|---|---|
| A　病原大腸菌 | 78.4 | 77.1 | 138 |
| B　サルモネラ | 130 | 136 | 247 |

リスクの定量化の概念で説明した第7章の式(1)を使って、食品中の病原微生物の暴露量分布と用量−反応モデルから発症するリスクを求めることができます。例えば暴露量分布として対数正規分布を用量−反応モデルとしてベーター−ポアッソン分布を考えると、図5のようにリスクを推定できます。病原微生物の暴露量分布曲線と用量−反応曲線の重なる部分にリスクが生じることがわかります。この例のリスクは0.071と推定されます。

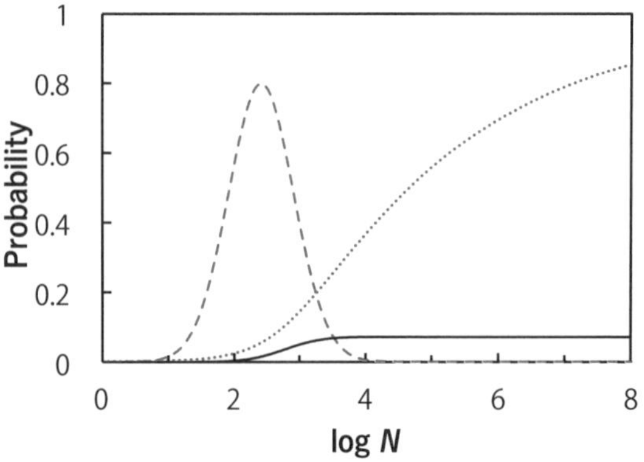


**図5**　病原微生物の暴露による発症リスク

破線はハザードの暴露量分布、点線は用量−反応曲線、実線は生成したリスクを示します。

# 8-3 定量的リスク評価における不確実性と変動性



　リスク評価の正確性に影響を与える要因として**不確実性**（Uncertainty）と**変動性**（Variability）の二つがあります。

　不確実性は評価に用いるデータおよび数学モデルなどに関する理解・知識の不完全性、不足によって生じると考えられ、信頼できるデータや知識が新たに得られるとそれに応じて減少します。そのため、ある化学物質のNOAELからADIを求める際の係数は上述したように不確実性係数とよびます。不確実性係数の値は恣意的に決められている面もありますが、信頼できるデータが新たに得られれば、より精度の高い値が得られると考えられます。

　一方、確率分布は独自の変動性、つまりバラツキを持っています。すなわち、各確率分布は特徴的な分散を持っていて、それは変化しません。例えば、ポアッソン分布の分散の大きさは平均に等しく、負の二項分布では平均よりも分散の値の方が大きくなります。従ってリスク解析をする場合は危害要因の特性に適合する確率分布を選ぶことが重要です。

# 8-4 リスク評価のためのソフトウェア

これまで説明してきたように危害要因をある1つの濃度（多くは平均）で評価するよりも確率分布を用いてリスクを評価する方がより正確な評価ができ、この評価を**確率的リスク評価**といいます。この評価方法は国際的に盛んに検討されています。そこでは前述してきたベイズ統計学などの手法が盛んに取り入られています。特に食品の微生物学的安全性確保の点からは、食品の製造から流通、喫食までの各過程で有害微生物がどのように増殖、死滅するかを予測し、さらに喫食時の摂取菌数から発症する確率を推定する微生物学的リスク評価が進められています。

また、食品に関してはこのような新しい確率学的手法によるリスク評価を支援するコンピューターソフトウェアもいくつか開発されています。その一つにアメリカ食品医薬品局US FDAで作られたFDA-iRISKがあり、無料でダウンロードできます[6)]。また、ミシガン大学から公開されている病原微生物の暴露菌数と感染率に特化したウェブサイトもあります[7)]。

参考文献


1) WHO : Dose-Response Assessment (Draft) 2008. https://www.who.int/foodsafety/chem/dose_response.pdf
2) EFSA. 2005. *The EFSA Journal* (2005) 282, 1-31. (http://www.efsa.europa.eu/en/efsajournal/doc/282.pdf).
3) WHO. 2006. WHO Food Additives Series No. 55 http://whqlibdoc.who.int/publications/2006/9241660554_eng.pdf.
4) WHO/FAO. 2003. Hazard Characterization for Pathogens in Food and Water. https://apps.who.int/iris/bitstream/handle/10665/42693/9241562374.pdf;jsessionid=7D1C337706D90E5E68B1DD862C74B643?sequence=1.
5) Fujikawa, H. Food Hyg. Saf. Sci., 62, 37-43 (2021).
6) FDA-iRISK. https://irisk.foodrisk.org/
7) QMRA Wiki. http://qmrawiki.canr.msu.edu/index.php/Quantitative_Microbial_Risk_Assessment_(QMRA)_Wiki

# 第9章

# 製品の安全及び品質管理方法

消費者がある工業製品を使って何らかの被害を受けるリスクを最小限にするため、毎日製造される製品の品質管理、安全管理は非常に重要です。すなわち、製品ロットからサンプルを取り出し、いろいろな特性（重量、濃度、作動性など）を測定し、その結果からそのロットに異常があるかどうかを判断します。ここではサンプルについて定義し、次に代表的な管理図、さらに製品の故障率と耐久性についてそれらの基本的考え方を説明します。

# 9-1 サンプル

## サンプルとロット

工場で製造され、流通過程を経て消費される一般の工業製品の安全と品質を確保するためには、それに適した管理方法があります。一般的な工業製品の管理システムとして、国内では**日本工業規格**（Japanese Industrial Standards, JIS）があり、国際的には国際標準化機構ISOが作成する規格があります。JISはISOなどの国際規格を基にして作成され、国際的な整合化が図られています。工業製品の**品質管理**（Quality control）は品質マネジメントシステムとしてISOでは9000シリーズ、JISではJIS Q 9000シリーズに記載されています[1)]。

食品に関してはCodex委員会においても食品の安全性と品質の管理に関して数多くの指針（Guideline）等を発表していますが、そのガイドラインの作成にはISOなどの国際規格の考え方が基になっています。本章では主に食品を例としてCodex委員会の公表したガイドラインに沿って説明しますが[2)]、一般の工業製品についても同様な管理方法が適用できると考えられます。

サンプルが調べようとする原材料又は製品を適切に代表しているかは検査の前提として非常に重要です。サンプリングの対象となる集団は多くの場合**ロット**（Lot）を指します。ロットとは同一条件下で製造あるいは加工されたとみなされる製品の集合を指します。また、一度に輸送される製品の集合をコンサインメント（Consignment）といいます。ロットは目的によって連続した製造工程中の工程管理または解析のために使われる場合と、個別の原材料あるいは製品の管理のために使われる場合に大別することができます。

なお、サンプルの捉え方は使う人によって異なるようです。本書では1つのサンプルは個々に検査あるいは測定する個体から成る、とします。個体の数は1, 2, 3, …のようにサンプルによって違います。サンプルは1つの集団と考える方が正しい理解と考えられます。

サンプリング及び検査の全体な流れとしては対象とするロットからサンプルを抽出し、検査を行ない、その検査結果からそのロットが適合(Conforming, Good)か不適合 (Nonconforming, Bad)を判定します。ロットを構成する製品の数をロットサイズ、そこから取り出したサンプルの大きさ、すなわち個体の数を**サンプルサイズ** (Sample size) ともいいます。サンプルサイズは検査に用いるサンプル自体の大きさ（重量または体積）と誤解されやすいので、注意が必要です。

ロットの全品を検査することは安全性からみれば最も適していますが、全品を検査するには膨大な時間と費用がかかるため、通常不可能です。さらに、一度検査のために開封して検査に使用したサンプルは通常商品価値がありません。そのため、実際にはそのロットから少数個取り出したサンプルの検査結果からロット全体を評価することになります。また、そのサンプリングは偏りのない無作為抽出つまりランダムサンプリングが基本となります。しかし、限られた数量のサンプルを取り出すため、いかに信頼できる検査法で得られた結果でもそれにはバラつき、つまり確率的な不確実性が含まれています。そのため、得られた検査結果からロット全体の適・不適を判定するためには、確率論に基づいた判定方法が必要となります。

## サンプリングの種類

サンプリングの原則は意図的な抽出をしない無作為抽出です。そのためにいくつかの方法があります。対象とするロットの特徴により次のようないくつかのサンプリング方法があります。

①単純サンプリング：ロットから無作為にサンプルを選びます。例えばロット中の製品に一連の番号を付け、乱数表を使って得られた番号の製品をサンプルとします。

②系統サンプリング：製品に一連の番号を付け、最初の番号だけ無作為に選び、2番目からは一定間隔で（例えば10番目ごとに）選びます。

③2段サンプリング：ロットが大きい場合、まず複数のグループに分け、

その中から無作為に決めた数のグループを選び(1次試料)、次にそのグループから個々のサンプル(2次試料)を同一の数だけ無作為に選びます。

④層別サンプリング：ロットをある特性について複数のグループに分け、その各グループから無作為にサンプルを選びます。この方法が最も推定の精度が高く、操作も容易であると考えられています。

⑤集落抽出法：ロットをある基準でグループに分けた後、決めた数のグループを無作為に選び、そのグループのサンプルはすべて用います。

## 抜き取り検査

試料の検査には一般には全数から一部を取り出して検査する**抜き取り検査** (Random inspection) が行われます。抜き取り検査には1回抜き取り、2回抜き取り、多数回抜き取りおよび逐次抜き取り検査があります。2回抜き取り検査は1回目の検査結果から必要な場合に行われ、1回目と2回目の検査結果から総合的に判断します。さらに抜き取り検査回数を増やした検査が多数回抜き取り検査であり、逐次抜き取り検査は1個または1回ずつ検査をしながら、判断していく方法です。

## 検査方法と精度管理

検査方法はその結果が濃度、重量などの数値で得られる定量検査（または試験)、陽性／陰性で表わされる定性検査（または試験）に分けることもできます。以前説明したように前者による結果を**計量データ**、後者による結果を**計数データ**といいます。

定量試験において、1つのサンプルから複数個の個体を取り出し、同じ試験を行なった結果、得られた値が真の値と考えられる値とどれほど近いかを**正確度** (Accuracy) といいます。正確度は真の値と測定値の平均との差で表され、真度ともいいます。一方、得られた各測定値がどの程度まとまっているか（ばらついていないか）を**精度** (Precision) といいます。測定値の分散あるいは標準偏差として表されます。

正確度と精度を模式的に表わした例を図1に示します。あるサンプルについて9回定量測定したとき、Aの測定結果はバラつきが小さく、精度は高いのですが、真の値3からは離れており、正確度が低い例です。Bの測定結果は真の値3に近いため正確度は高いのですが、バラつきが大きく精度は低い例です。

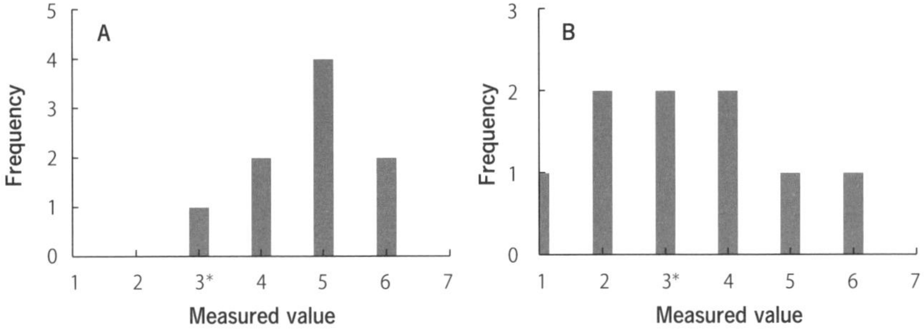


図1　精度と正確度

A. 精度が高い結果、B. 正確度が高い結果
*は真の値を示します。

# 9-2 管理図

製品の品質及び安全性を確保するため、対象とするロットから定期的にサンプルを取り出し、その測定結果から、そのロットに異常があるかどうかを管理図を使って調べることができます。ここではいくつかの代表的な管理方法を概説します。本章で説明する手法はサンプルを製造中決められた時間に経時的に取り出します。複数の工場で製造されている場合は各工場で得られたサンプルを対象とすることもできます。一方、これらの手法は検査の精度管理にも適用できます。この場合検査施設の検査員が測定したデータが対象となります。また､管理図は検査内容によって定量（計量）型と定性（計数）型の管理図に分けることができます。

## $\overline{X}-R$管理図

製品の対象とする特性が定量検査によって測定される場合、ここでは平均$\overline{X}$と範囲Rからなる$\overline{X}-R$管理図および標準偏差$\sigma$（シグマ）を用いた3シグマ限界を使った方法の二つを説明します。

**$\overline{X}-R$管理図**を作成するためには、各サンプル（ここでは群という）の大きさは目安として4－5個とし、群の数は20－25が目安とされています。その手順は次のようになります。

① 各群について測定結果から平均$\overline{X}$と最大値Max、最小値Minを求めます。次に最大値から最小値を引いて範囲Rを求めます。

② 各群について得られた平均と範囲から総平均$\overline{\overline{X}}$と範囲平均$\overline{R}$を求めます。総平均$\overline{\overline{X}}$は式(1)に示すように平均$\overline{X}$の全群にわたる平均になります。範囲平均$\overline{R}$は各範囲Rについて式(2)に従って計算します。

$$\overline{\overline{X}}=\frac{\overline{X}_1+\overline{X}_2+\cdots+\overline{X}_n}{n} \qquad (1)$$

$$\overline{R} = \frac{R_1 + R_2 + \cdots + R_n}{n} \quad (2)$$

これらを示す線がそれぞれ$\overline{X}$とRの中心線となります。

③ $\overline{X}$に関して**上方管理限界**(Upper Control Limit, UCL)と**下方管理限界**(Lower Control Limit, LCL)を求めます。UCLとLCLは次の式に従って計算します。

$$UCL = \overline{\overline{X}} + A_2\overline{R} \quad (3)$$

$$LCL = \overline{\overline{X}} - A_2\overline{R} \quad (4)$$

ここで$A_2$は定数で、その値は群の大きさ$n$によって異なります。例えば、$n=6$であれば、0.483です。表1にその値を示します[3]。

**表 1　$\overline{X}$-$R$管理図の係数値**

| n | $A_2$ | $D_3$ | $D_4$ |
|---|---|---|---|
| 2 | 1.88 | ― | 3.267 |
| 3 | 1.023 | ― | 2.574 |
| 4 | 0.729 | ― | 2.282 |
| 5 | 0.577 | ― | 2.114 |
| 6 | 0.483 | ― | 2.004 |
| 7 | 0.419 | 0.076 | 1.924 |
| 8 | 0.373 | 0.136 | 1.864 |

④ Rに関して上方管理限界UCLと下方管理限界LCLを求めます。UCLとLCLは次の式に従って計算します。

$$UCL = D_4\overline{R} \quad (5)$$

$$LCL = D_3\overline{R} \quad (6)$$

ここで$D_3$と$D_4$は定数で、表1に各$n$に対する値を示します。$D_3$は$n$が7以上のときに使われます。

⑤ 以上の手順に従って$\overline{X}$とRについて中心および限界となる線を書き、また各群の値をプロットすると$\overline{X}-R$管理図を作成できます。

次にこの$\overline{X}-R$管理図から例えば次のような現象が認められたならば、

原因を明らかにするとともに対策を講ずる必要があります。

① 管理限界を逸脱した点がある場合。

② 中心線の上か下に連続して点が並ぶ場合。

③ 点の並び方に上向き、下向き、周期的変動などがみられる場合。

例えば、ある食品工場で製品Sからサンプルを毎日6個ずつ20日間取り出し、その重量(g)を測定した結果、次のようなデータが得られました。

表2 製品Sの重量データ

| Date | No.1 | No.2 | No.3 | No.4 | No.5 | No.6 |
|---|---|---|---|---|---|---|
| 1 | 48 | 63 | 54 | 59 | 46 | 55 |
| 2 | 57 | 54 | 56 | 54 | 51 | 61 |
| 3 | 51 | 62 | 56 | 51 | 49 | 59 |
| 4 | 44 | 60 | 58 | 59 | 45 | 51 |
| 5 | 52 | 53 | 54 | 51 | 52 | 63 |
| 6 | 61 | 61 | 58 | 58 | 54 | 63 |
| 7 | 59 | 50 | 55 | 54 | 57 | 53 |
| 8 | 58 | 57 | 62 | 53 | 55 | 58 |
| 9 | 51 | 57 | 60 | 56 | 48 | 60 |
| 10 | 43 | 57 | 60 | 55 | 56 | 55 |
| 11 | 54 | 56 | 57 | 60 | 55 | 56 |
| 12 | 48 | 61 | 62 | 60 | 45 | 62 |
| 13 | 44 | 63 | 59 | 51 | 52 | 49 |
| 14 | 47 | 61 | 57 | 56 | 45 | 60 |
| 15 | 49 | 56 | 56 | 56 | 55 | 60 |
| 16 | 45 | 54 | 58 | 59 | 51 | 60 |
| 17 | 47 | 56 | 61 | 54 | 48 | 62 |
| 18 | 50 | 61 | 60 | 54 | 54 | 54 |
| 19 | 56 | 58 | 62 | 57 | 56 | 51 |
| 20 | 60 | 57 | 56 | 55 | 50 | 59 |

この$\overline{X}-R$管理図を描くと次の図のようになります。この20日間を見ると$\overline{X}$および$R$について特に製品の重量に異常はありませんでした。

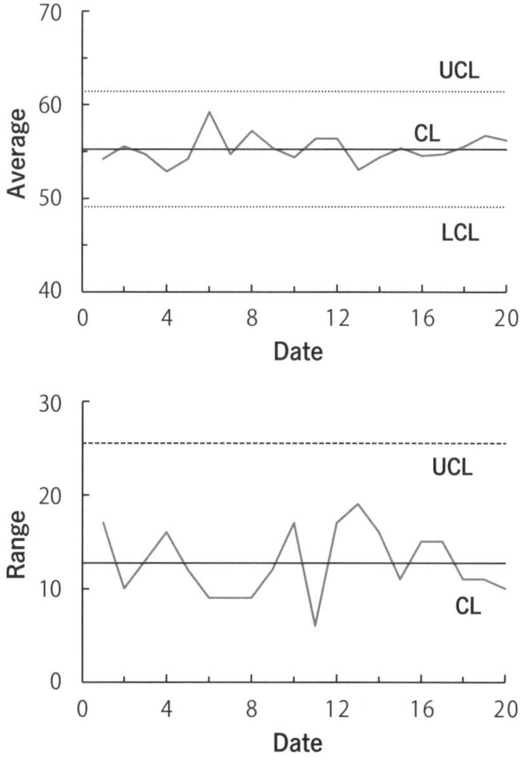


図2 製品Sの $\overline{X}$–$R$ 管理図 Ex9.1 XR

## 3シグマ限界

あるロットの中から $n$ 個の製品を取り出し、その重量、濃度、時間などの特性値を測定して、標本平均 $\overline{X}$ を得たとします。その $\overline{X}$ がこの製品全体の平均と比べて異常かどうかを判断するために**3シグマ限界**を使った手法があります。その製品全体の平均を $\mu$、標準偏差を $\sigma$ とおくと、$\overline{X}$ は中心極限定理より正規分布 $N(\mu, \sigma^2/n)$ に従うと考えられます。そこで、対象ロットの $\overline{X}$ が期待値 $\mu$ と中心として標準偏差の3倍以内に位置するかどうかを判断します。上方管理限界と下方管理限界は次のように表されます。

$$UCL = \mu + \frac{3\sigma}{\sqrt{n}} \tag{7}$$

$$LCL = \mu - \frac{3\sigma}{\sqrt{n}} \tag{8}$$

なお、$\overline{X}$がこの範囲に入る確率は（正規分布で平均から$3\sigma$の範囲なので）99.7%となります。

**例題 1**

製品A中のビタミンXの濃度($\mu$g/g)はこれまでの測定結果からN(4.7, 1.8)に従っています。あるロットから5個の製品を無作為に取り出し、その濃度を測った結果、標本平均$\overline{X}=3.1$となりました。このロットの$\overline{X}$は3シグマ限界を超えていますか。

**解答**　$\overline{X}$は中心極限定理により$N\left(4.7,\ \frac{1.8}{5}\right)$、すなわち$N(4.7,\ 0.36)$に従うと考えられ、その3シグマ限界はそれぞれ$UCL = 4.7 + 3 \times 0.6 = 6.5$と$LCL = 4.7 - 3 \times 0.6 = 2.9$となります。$\overline{X}=3.1$はこの範囲内ですから、3シグマ限界を超えてはいません。

## np管理図

製品の品質管理を不良品 (Defective) の個数などによって行なう場合、代表的な管理図として**np管理図**があります。定性試験で陽性／陰性に分けられる場合もこれが適用できます。ここで、$p$はそのロットの不良率、$n$はサンプルサイズを表わします。したがって$np$はそのロットの不良数を示します。

np管理図の手順として最初に、あるサンプルサイズ$n$について各サンプルで対象とする不良数$np$についてデータを取ります。一般に、サンプルサイズは不良数が1－5個の範囲になるようにし、サンプルの数は20から25個程度にします。次に、各サンプルでの不良品数$np$からその平均$n\overline{p}$を求め、これを全サンプルでの不良品数とします。この平均が中心線となります。

不良率が平均$\overline{p}$のとき製品$n$個の中で不良品が現われる個数は二項分布で表せるので、不良品数の平均$n\overline{p}$は、分散は$n\overline{p}(1-n\overline{p})$と表わされます。したがって、管理区間として前述した3シグマ限界を用いると上限管理限界と下方管理限界は次の式で示されます。

$$UCL=n\overline{p}+3\sqrt{n\overline{p}(1-\overline{p})} \quad (9)$$

$$UCL=n\overline{p}-3\sqrt{n\overline{p}(1-\overline{p})} \quad (10)$$

例えば、毎日60個の製品Wについてその不良品数を調べると、計20日間の結果が次のようになりました。

| Date | 1 | 2 | 3 | 4 | 5 | 6 | 7 | 8 | 9 | 10 | 11 | 12 | 13 | 14 | 15 | 16 | 17 | 18 | 19 | 20 |
|---|---|---|---|---|---|---|---|---|---|---|---|---|---|---|---|---|---|---|---|---|
| *np* | 4 | 0 | 5 | 5 | 3 | 10 | 4 | 6 | 2 | 1 | 0 | 4 | 5 | 3 | 3 | 3 | 6 | 4 | 3 | 0 |

不良品の1日当たりの平均$n\overline{p}$は3.55と計算され、これが中心線CLとなります。この例のnp管理図を描くと図3のようになります。この管理図から6日目に上限管理限界を超えた不良品数があったことが分かります。なお、この例では下限管理限界は負の値をとるので、設定されません。

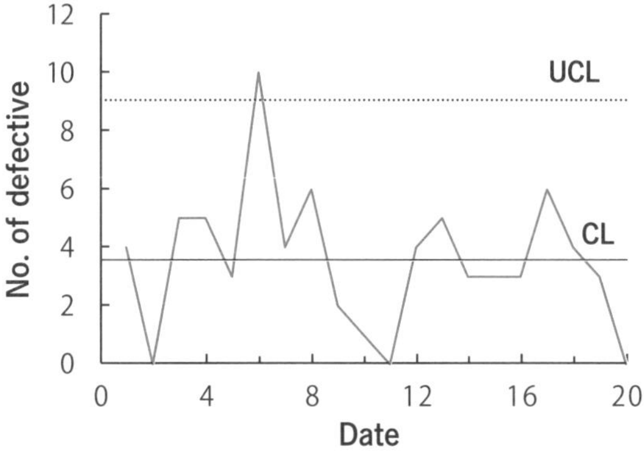


図3 製品Wの不良品数についてのnp管理図 Ex9.2 np

# 9-3 製品の故障と耐久性

機械などの一般の工業製品については使用中に故障する可能性があります。従って、製品の故障を事前に把握して管理する必要があり、そのための方法を解説します。

## 製品の故障率

一般の工業製品について、単位時間当たりの故障する確率（**故障率**）を使用時間に沿ってみると次のような変化がみられます。すなわち、図5に示すように、(i) 使用初期には比較的故障率が高いが、時間と共に減少していく時期（初期故障期）があり、次に(ii) 低くほぼ一定した故障率の時期（偶発故障期）、最後に(iii) 製品の劣化、摩耗が進み、時間と共に故障率が増加する時期（摩耗故障期）の3つの時期がみられます。この故障率の時間的変化をその形状から**バスタブ曲線**ともいいます。

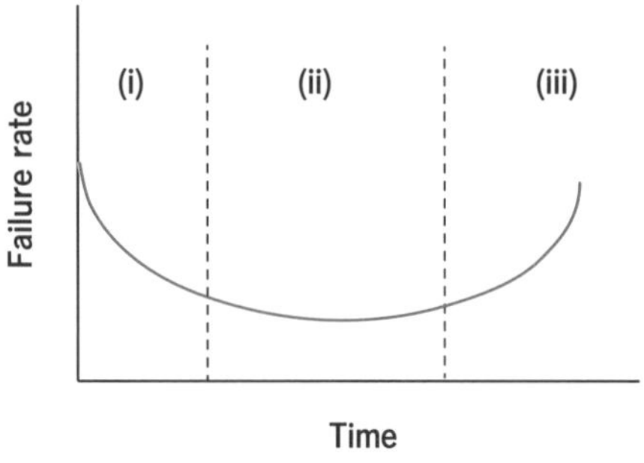


図4　故障率の時間経過：バスタブ曲線

## 製品の耐久性

　製品が故障しても修理できない（しない）非修理系の場合、製品の寿命、すなわち故障するまでの時間の平均を**平均故障寿命**（Mean time to failure, MTTF）とよび、製品の耐久性を表す指標となっています。

　一方、故障した場合、修理して再び使う、つまり修理系の製品については各動作期間の平均である**平均故障間隔**（Mean time between failures, MTBF）が耐久性の指標としてあります。例えば、ある製品を最初2300時間稼働後に故障したので修理し、次に1900時間後に再び故障したので修理し、次に2100時間後にまた故障した場合の平均故障間隔は

$$MTBF = \frac{2300+1900+2100}{3} = 2100(\mathrm{hr})$$

となります。ここで修理にかかった時間は考慮しません。また、平均故障間隔の逆数、すなわち単位時間当たりの故障数を**故障率**$\lambda$といいます。この例では$\lambda = 1/2100 \fallingdotseq 0.000476(1/\mathrm{hr})$です。

　また、ある修理系製品のMTBFが分かっているとき、平均であるMTBFの期間に1回この製品は故障すると考えられるので、この事象はポアッソン過程になります。第6章で示したようにポアッソン過程で事象間の時間は指数分布で表されます。例えばある製品のMTBFが1300時間であるとき、この製品が故障するまでの時間$t$はExp(1/1300)で表せます。これを図示すると、次のように表わせます。

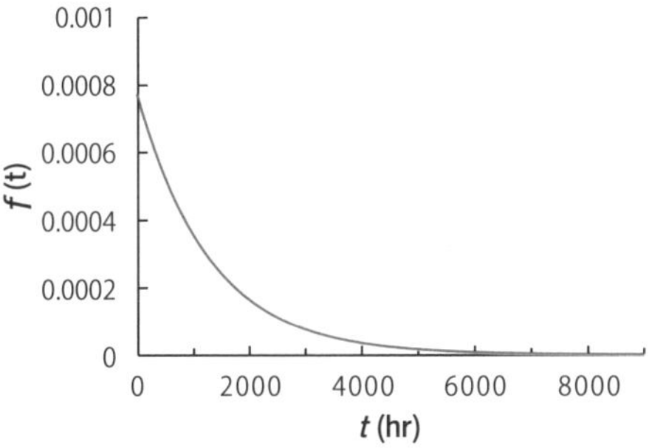


図5　MTBF1300時間の製品が故障するまでの時間

## 寿命データのワイブル分布を用いた確率論的解析

製品の寿命はワイブル分布に従うと一般的に考えられます。例えば、形状パラメーター$\alpha$が1.3でスケールパラメーター$\beta$が4020のワイブル分布の確率密度曲線と累積分布曲線は次の図5のように表せます。横軸を製品の寿命としたとき、確率密度曲線がその分布を表していると考えることができます。一方、累積分布曲線は使用を開始してから故障が100%に達するまでの変化を示します。この曲線から例えば製品の10%が故障するまでの時間も推定できます。

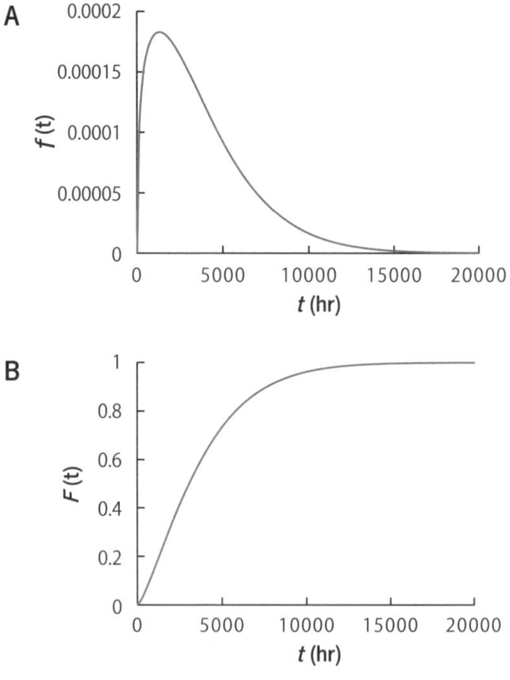


図6 ワイブル分布 Weibull(1.3, 4020) の確率密度曲線 A と累積分布曲線 B

製品の寿命データについてはワイブルプロット法による解析がよく知られています。ここではワイブル分布の累積分布関数$F(x)$（式(11)）を使います。

$$F(\chi) = 1 - \exp\left\{-\left(\frac{\chi}{\beta}\right)^{\alpha}\right\} \tag{11}$$

この式を変形し、自然対数 lnを2回とると、次の式となります。（自分で確認してみて下さい。)

$$\ln\ln(1-F(x))=-\alpha\{\ln(x)-\ln(\beta)\} \tag{12}$$

この式の左辺を変数$y$と置くと、式(12)は$\ln x$についての簡単な1次式になります。従ってワイブル分布に従う寿命データをこの式に合わせてプロットすると直線状に並ぶので、その直線から2つのパラメーター$\alpha$と$\beta$の値を推定するという方法です。しかし、実際のデータは直線上にプロットされないことがあり、そのために様々な手段が必要となります。

例えばあるロットの蛍光灯30本についてその寿命（単位：hr）を測定した結果、下の表に示すデータが得られました。これらのデータはワイブル分布に従うと仮定してフィッティングさせ、その2つのパラメーター値を推定しましょう。

| | | | | | |
|---|---|---|---|---|---|
| 6659 | 823.1 | 4895 | 8669 | 728.5 | 2383 |
| 3666 | 766.5 | 741.1 | 1267 | 12630 | 2923 |
| 3406 | 2290 | 1010 | 2705 | 11560 | 3903 |
| 4422 | 10310 | 3996 | 7697 | 8795 | 4500 |
| 727.6 | 7705 | 2813 | 765.2 | 1020 | 2651 |

このデータをワイブルプロットすると図6のような結果となり、直線から大きく外れるため、このままでは2つのパラメーター値は推定できません。なお、ここでデータ数が30と少ないので、（詳細は割愛しますが）$F$の計算はメジアンランク法という方法を使っています。

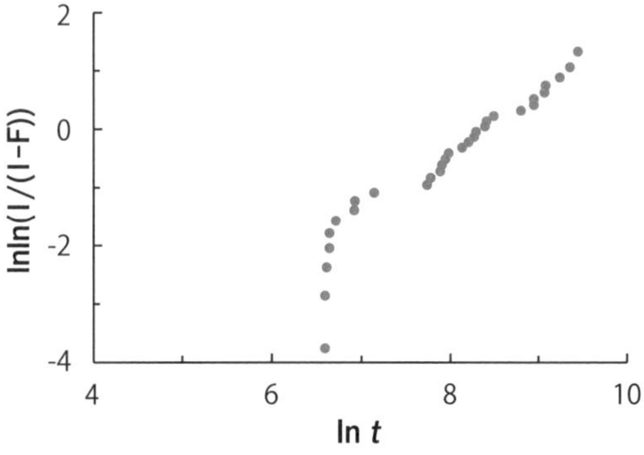


図7　蛍光灯の寿命データのワイブルプロット

そこで、これまで本書で説明してきた確率学的な手法、つまり最尤法でデータをワイブル分布に適合させる手法を説明します。本書ではいろいろなケースで最尤法を説明してきましたが、ここでも非常に有効な手法となります。最尤法は尤度を使う点で上記のワイブルプロットによる統計解析方法とは異なります。一般化して考えると、データに統計分布モデルを適用して解析する場合、ポイントは「尤度」です。平均、標準偏差などではないので注意して下さい。

上記の蛍光灯の寿命データを最尤法でワイブル分布に適用すると、図8に示す結果となります。寿命データ（青丸）に対してワイブル分布（白丸）がよくフィッティングしていることが分かります。なお、推定されたパラメーター値は$\alpha=1.25$、$\beta=4540$です。

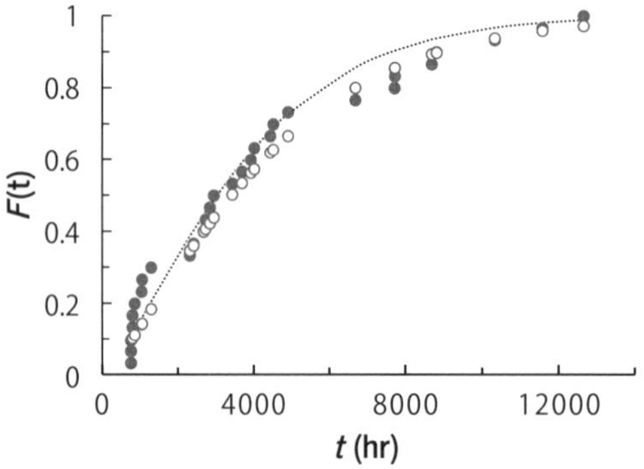


**図8　寿命データのワイブル分布へのフィッティング**

●：寿命データ、○：測定値の寿命$t$に対してワイブル分布をフィットさせた値、点線はデータの元となったワイブル分布を示します。

実はこの蛍光灯のデータは図6で示したワイブル分布Weibull(1.3, 4020)から発生させた数値（乱数）です[注)]。図8で示した曲線は図6で示した累積分布曲線と同じものです。今回、Weibull(1.3, 4020)から発生させた乱数30個からフィッティングした分布がWeibull(1.25, 4540)という結果になりました。わずか30個の乱数からのフィッティングとしては比較的良い結果であったと考えられます。さらに乱数のデータ数を増すと、より元のパラメーターに近い値が得られます。

注）ワイブル分布から発生させた乱数とは、図6に示す分布に従ってランダムに生成された、例えば5080.239のような数値を指します。生成される数値は毎回異なりますが、ワイブル分布の最頻値とその付近の数値ほど高頻度に生成されます。同様に、各種の確率分布においてもそれに従う乱数を作ることができます。

R▶ ワイブル分布から乱数rを発生させるためには次のコードを使います。

r<−rweibull(n, $\alpha$, $\beta$)

ここで、発生させる個数nと2つのパラメーター値を入力します。なお、エクセルにこの乱数発生機能はありません。

■ **参考** ■ 確率論によるデータのワイブル分布へのフィッティング

Ex9-3 Weibull

これまで本書では最尤法、ロジスティック回帰解析、さらにベイズ統計学などで尤度について解説してきました。ここでも対象とする確率、つまり尤度が最大となる条件を求める最尤法で行ないます。

ここではエクセルを使って説明します。最初に次の図でB列にデータを入力します。尤度を計算するので、数値の大きさで並べ替える必要はありません。C列で各データをワイブル分布に当てはめた場合の尤度を計算します。例えば、最初のデータ（セルB6）に関しては関数＝WEIBULL.DIST($B6,$C$2,$C$3,FALSE)とし、引数として形状とスケールの各パラメーターの番地を指定し、その確率密度関数値が必要なためFALSEを指定します。D列でC列の値を自然対数値に変え、AIC計算のため正の値にします。F列のSumでD列の値の合計を求め、これがマイナス(−)をかけて最小となるような形状とスケールの各パラメーターの最適値をソルバーを使って求めます。この図ではその解析結果が示されています。得られたパラメーター値からワイブル分布を描くと、図8に示される値（白丸）が得られます。

| | A | B | C | D | E | F |
|---|---|---|---|---|---|---|
| 1 | Weibull: 最尤法 | | | | n= | 30 |
| 2 | | shape | 1.24783 | | Sum | 279.303 |
| 3 | | scale | 4536.54 | | | |
| 4 | | | | | | |
| 5 | | Data | Prob | -lnP | x | ln x |
| 6 | 1 | 6658.97 | 6E-05 | 9.71772 | 727.564 | 6.5897 |
| 7 | 2 | 823.108 | 0.00016 | 8.74038 | 728.488 | 6.59097 |
| 8 | 3 | 4894.97 | 9.3E-05 | 9.2792 | 741.138 | 6.60819 |

さらに、第4章のロジスティック回帰解析の線形子で説明したように、統計モデルのパラメーターを新たな環境要因を組み入れた関数で表すこ

とも可能です。つまり階層を持たせた解析になります。例えばパラメーター$\gamma$が温度$T$を使って$\gamma=f(T)$として表すことができれば、この$\gamma$を使った統計モデルを構築することができます。$f(T)$としてはアレニウス式などが候補となると考えられます。

## 信頼度と保全性の確率論的解析

単位時間に機械あるいはシステムが正常に作動している確率を**信頼度** Reliability(R)とよびます。複数の部品からのシステムとなっている場合にはその構造から直列と並列に分けることができます。

直列システム：2つのサブシステム、つまり部品が直列につながっている場合、図8Aに示すようにどちらも正常な時のみシステムは作動するので、その信頼度Rは単に各信頼度の積になります。つまり、$R=R_1\times R_2$となります。ここで$R_1$および$R_2$はそれぞれの信頼度です。例えば$R_1=0.95$, $R_2=0.92$のとき$R=0.95\times0.92=0.874$となります。一般に$n$個の部品が直列につながっている場合の信頼度は次のように表されます。

$$R=\Pi_{i=1}^{n}R_i \tag{13}$$

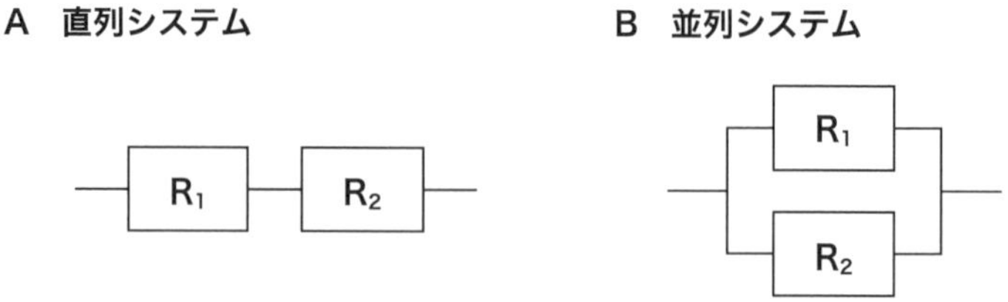


図9　システムの信頼度

並列システム：2つのサブシステムが並列につながっている場合、図8Bに示すようにどちらか一つが故障してもシステムは作動し、両方が故障したときのみシステムは作動しなくなります。従って並列システムの信頼度Rは2つの部品が同時に故障する確率を求め、その確率を1から引いて得られ、$R=1-(1-R_1)\times(1-R_2)$と表されます。例えば$R_1=0.95$, $R_2=0.92$のとき$R=1-(1-0.95)\times(1-0.92)=1-0.05\times0.08=0.996$となり、直列システムより高い信頼度が得られます。一般に$n$個の部品が並列につながっている場合の信頼度は次のように表されます。

$$R=1-\Pi_{i=1}^{n}(1-R_i) \tag{14}$$

**クイズ 1**　次のシステムの信頼度Rを求めなさい。ただし、$R_1$=0.95, $R_2$=0.92, $R_3$=0.9です。

(1)

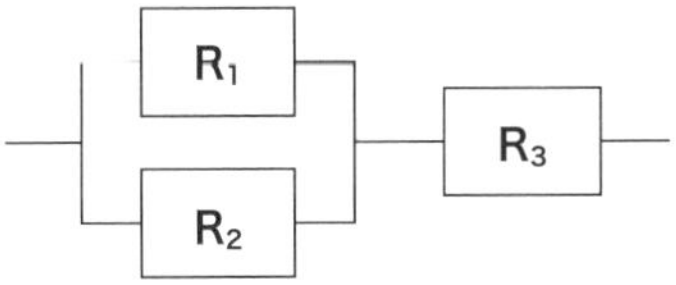


(2)

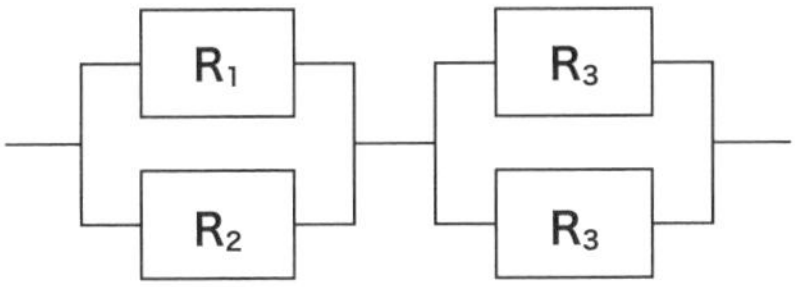


(3)

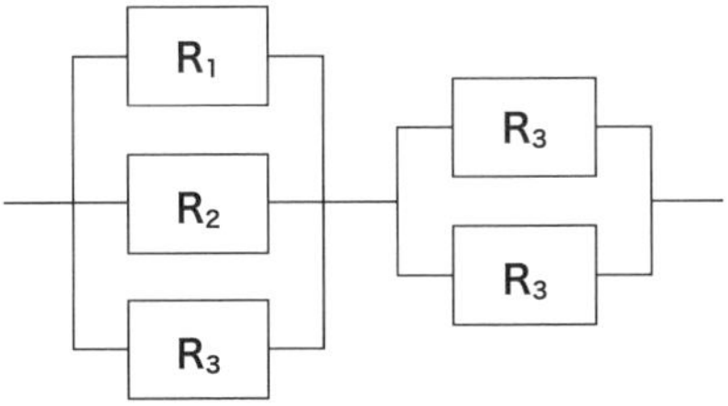


次にシステムの**保全性**、すなわちシステムの寿命を確率分布を使って考えてみましょう。例えば、平均故障寿命MTTFが1800時間と2200時間の上記の部品AとBを直列につないだ場合の寿命、つまりこのシステム

が故障するまでの時間はどのように表わされるでしょうか。部品AとBの寿命はそれぞれ指数分布Exp(1/1800)とExp(1/2200)で示されます。両者を直列につないだ場合、例えば指数分布Exp(1/1800)とExp(1/2200)から乱数を1つずつ発生させ、Aの寿命が2013時間、Bの寿命が2109時間であった場合、1つでも部品が故障すればシステム全体が故障するため、短い方の値min{2013, 2109}、すなわち2013時間をシステムの寿命とします。この操作を数多く行うと、このシステムの寿命（の分布）が得られます。

ではこの部品AとBを直列につないだ場合、寿命が2000時間以下である確率$P_1$を求めてみましょう。例えば指数分布Exp(1/1800)とExp(1/2200)からそれぞれ1000個発生させた乱数からは、このシステムの寿命で2000時間以下となる確率$P_1=0.895$となりました。

次にこの部品AとBを並列につないだ場合、このシステムの寿命はどうなるでしょうか。先ほどと同じようにAの寿命が2013時間、Bの寿命が2109時間であった場合、システムとしては部品1つが故障してもシステム全体は故障しないため長い方の値max{2013, 2109}、すなわち2109時間が寿命となります。この操作を数多く行うと、このシステムの寿命（の分布）が得られます。

この部品AとBを並列につないだ場合、寿命が2000時間以下である確率$P_2$を求めてみましょう。例えば指数分布Exp(1/1800)とExp(1/2200)からそれぞれ1000個発生させた乱数から、確率$P_2=0.441$となりました。

### ■ 参考 ■ Rでの乱数発生

指数関数での乱数を発生させるコードは次のようになります。ここでは部品Aについて1000個の乱数を発生させ、それらをコンピューターディレクトリーGにあるR statisticsというフォルダーにExpdataという名前のファイルで書き込みます。このExpdataのデータを使って解析します。なお、エクセルにこの乱数発生機能はありません。

```
n＜－1000
ex＜－rexp(n,rate＝1/1800)
write.csv(ex," G:/R statistics/Expdata.csv)
```

さらに、システムが次のように3つの要素（部品）からなっているとき、このシステムの寿命が2000時間以下である確率$P_3$を求めてみましょう。ここで部品Cの平均故障寿命MTTFは1700時間です。

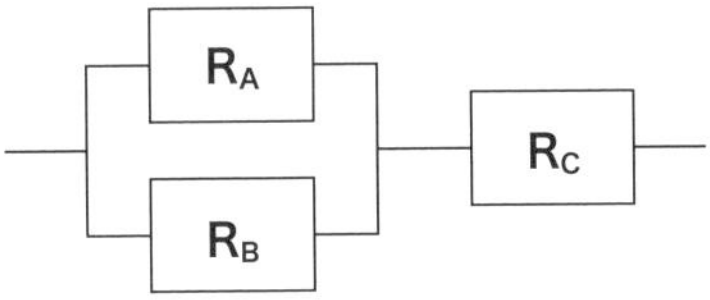


部品AとBについて指数分布Exp(1/1800)とExp(1/2200)からそれぞれ乱数を発生させ、大きい方の値をとり、次に部品CについてExp(1/1700)から発生させた乱数と比較して小さい方の値を取ります。これを1000回繰り返すと、$P_3 = 0.777$が得られました。興味のある方は自分で試みてください。

参考文献

1) 日本工業規格. 統計–用語及び記号–第 2 部：統計の応用. JIS 8101–2：2015 (ISO 3534–2：2006). http://kikakurui.com/z8/Z8101-2-2015-01.html

2) CODEX ALIMENTARIUS COMMISION. 2004. General guidelines on sampling. CAC/GL 50–2004. http://www.fao.org/uploads/media/Codex_2004_sampling_CAC_GL_50.pdf

3) Institute of Quality and Reliability. Tables of Constants for Control charts http://web.mit.edu/2.810/www/files/readings/ControlChartConstantsAndFormulae.pdf

# 第10章 サンプリングプラン

一般に製品の安全管理、品質管理は検査によって検証されます。本章では製品検査を行うに当たってサンプリングおよび検査特性曲線（OC曲線）についてその基本的考え方を食品を例として説明します。しかし、その他の工業製品についても基本的考え方は共通しています。すなわち、一般にすべての製品について検査をすることが不可能な場合、一部をサンプリングし、その検査結果から製品の安全および品質を確率論的に判定します。その際、リスクの考え方を用います。

# 10-1 検査特性曲線（OC曲線）

## OC曲線とは何か

製品を製造（または輸出）する側においても消費（または輸入）する側においてもその安全および品質は基本的に検査によって確保する必要があります。つまり、対象とするロットから決められた方法でサンプルを抜き取り、そのサンプルについて各種の特性について検査を行ないます。ここでの製品の特性とは検査する項目を指します。食品では添加物、農薬、動物用医薬品､病原微生物などから有効栄養成分にわたる項目が該当します。また、第9章で解説したように1つのサンプルは1つまたは複数の個体から成っています。

検査にあたって対象ロットからサンプルを取りだしますが、サンプルの測定値には当然バラつき（確率的変動）が考えられるので、個体の数が1個のサンプルの測定値だけでそのロットを判断するのは危険です。そこで、通常は決められた計画に従って決められた個体数のサンプルを取り出して、検査を行ないます。そこで得られた検査結果から確率論的にそのロットの適／不適を判断します。

現実には検査に必要な費用と時間など様々な制約要因があります。従って対象ロットのサイズに対して、検査を行なうサンプルのサイズはどのくらいにすればよいかを決めることは大きな問題です。また、計数型検査の場合、サンプル中、陽性（または不良）個体数をいくつまで許容できるかを事前に決めておく必要があります。このような計画を**サンプリングプラン**（Sampling plan）とよび、そのときに使われる手段の一つとして**検査特性曲線**（Operating characteristic curve, **OC曲線**）があります。ここではOC曲線の基本的な考え方を解説します[1]。

ロットが適（合格）か不適（不合格）かを判断するには調べる特性に基準値（Acceptable level）が必要ですが、ここで、定量検査でそのロットの特性についての測定結果で得られた平均が基準値を超えるとそのロットは不合格、それ以下であれば合格とするとします。例えば、食品原料であれば、農薬Sの残留濃度などが該当します。そのOC曲線を考えると、理想的には図1に示すようなクランク状の曲線となります。つまり、そのロットの平均濃度が基準値以下であれば合格Acceptanceする確率(図の縦軸)は100%であり、それ以上の濃度であれば0%となります。図1では検査したサンプルの平均値が0.4mg/kgの場合、そのロットは基準値以下であり、100%合格となります。

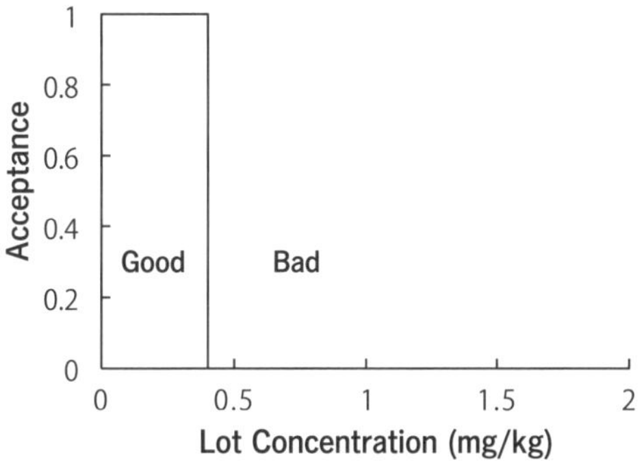


図1　理想的なOC曲線
Acceptable level=0.4 mg/kg。Good：適、Bad：不適

しかし、サンプルから得られた測定値には変動性があるため、その分布を考える必要があります。したがって、実際のOC曲線は図1に示すような形状ではなく、これから説明するように単調に減少するS字状曲線となります。なお、この確率的変動性は測定値が本来持っている特性なので、測定技術上の問題ではありません。

## 定量検査におけるOC曲線

定量検査でのOC曲線について、例えば有害物質Sの食品における基準値が10mg/kgと決められているとします。あるロットの物質Sの濃度にはバラつき、すなわち分布があり、ここでは一般的な正規分布を考えます。このロットで物質Sの分布は平均8.5 mg/kg、分散1 $(\mathrm{mg/kg})^2$の正規分布であるとします。図2のようにこのロットでの平均8.5 mg/kgは基準値10

mg/kgよりも低いので、1個取り出して得た測定値は高い確率で基準値未満となります。この図ではロット濃度0 mg/kgからの基準値までの確率密度を積算、ここでは積分すると全体の93.3%となります。したがってこのロットは93.3%の確率で合格となり、残り6.7%の確率で濃度が基準値以上と判定されて不合格となる可能性があります。つまり、生産者（あるいは輸出業者）はこのロットの平均を基準値以下に生産したにもかかわらず、6.7%の確率で不合格、違反とされてしまいます。このように概ね合格するはずのロットが不合格となる確率（ここでは6.7%）を**生産者のリスク**（Producer's risk）あるいは輸出業者のリスク（Exporter's risk）といいます。このリスクは統計検定における第1種の誤りをおかす確率($\alpha$)に相当します。

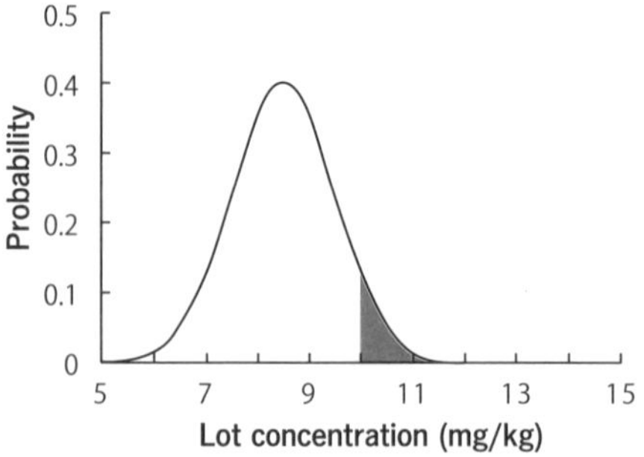


図2　物質A濃度の確率密度：平均濃度が基準値未満の場合

青色部分は基準値10mg/kgを超えた濃度の確率を示します。

一方、あるロットの有害物質Sの平均濃度が高く、例えば平均11 mg/kg、分散1 (mg/kg)$^2$の正規分布を示す場合は、その確率密度分布は図3のように示されます。この平均濃度は基準値10 mg/kgよりも高いため、このロットから1個取り出したサンプルが基準値を越える確率は当然高くなります。この図で基準値を超える確率を積分すると、全体の75.8%は基準値を超えています。しかし、基準値以下に該当する残りの24.2%の確率でこのロットは合格と判断される可能性があります。この本来合格させたくないロットが合格としてしまう確率（ここでは24.2%）を**消費者のリスク**(Consumer's risk)あるいは輸入者のリスク(Importer's risk)といいます。このリスクは統計検定では第2種の誤りをおかす確率($\beta$)に相当します。

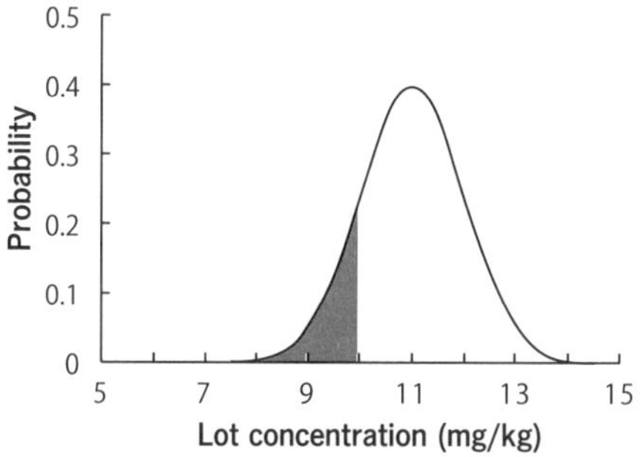


**図3　物質S濃度の確率分布：平均濃度が基準値以上の場合**

青色部分は基準値10 mg/kg以下の濃度の確率密度を示します。

このようにロットの平均濃度と合格する確率には1対1の対応がみられ、両者の関係を示したグラフをOC曲線といいます。物質Sの例では図4に示すOC曲線が描かれます。なお、ロットの平均濃度が基準値10 mg/kgでは合格率が0.5となります。

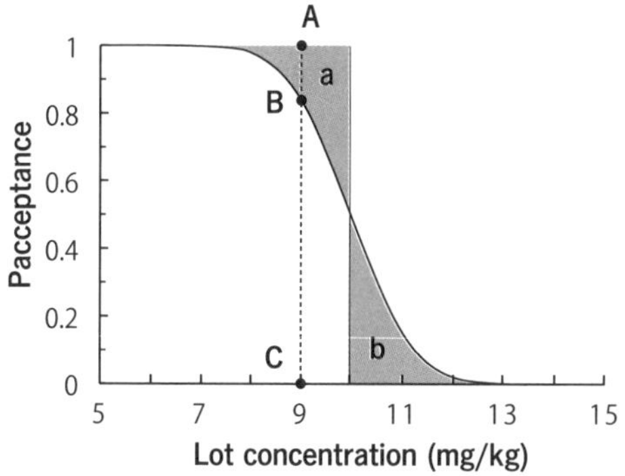


**図4　物質S（基準値10mg/kg）のOC曲線**　Ex10-1 OC norm

aおよびbの部分はそれぞれ生産者と消費者のリスクを表わします。
点Bは濃度が9 mg/kgでのOC曲線上の点を示します。

このOC曲線を使ってあるロットにおける物質Sの平均濃度から合格する確率が推定できます。例えば図4に示すようにロットの平均濃度が9 mg/kgのとき（点C）、合格する確率は0.841と推定されます（図4の区間BC）。このとき「不適」となる確率は0.159となります（図4の区間AB）。つまり、図のaの部分は基準値よりも平均濃度が低いにもかかわらず、「不適」と判定される確率、すなわち生産者のリスクを表わします。

一方、平均濃度が基準値よりも高いとき、基準値を超えていても「適」と判定される確率は消費者のリスクに相当し、図のbの部分に相当します。

ここまでサンプルサイズは1個で説明してきましたが、サンプルサイズを増やし、その測定値の平均を求めると、中心極限定理によってその分散は小さくなります。図4の条件でサンプルサイズ$n$を3および9に増やしたときのOC曲線を図5に示します。このようにサンプルサイズが増えるほど曲線は急激に下降し、図1に示したクランク状に近くなります。この結果、消費者のリスクおよび生産者のリスクも減少し、より望ましいOC曲線が得られます。

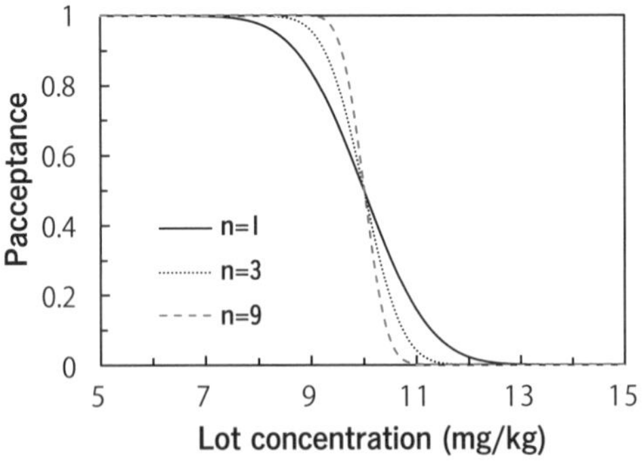


図5 サンプルサイズのOC曲線に与える影響

また、平均よりも分散の値の方が大きい場合には負の二項分布を使って、OC曲線を作ることができます。例として食品原料（剥き身の落花生およびトウモロコシ）でのカビ毒の一つであるアフラトキシンの汚染濃度は負の二項分布に従うと仮定してOC曲線が作成されています[1)]。

## 定性検査におけるOC曲線

定性検査ではロットから取り出したサンプルについて対象とする有害物質（例えば食品原料中のサルモネラ）が陽性か陰性かのいずれかを判定します。次に得られたサンプル中の陽性数からそのロットが合格か否かを判定します。

また定量検査で得られた数値（例えば、食品原料中の残留農薬）が基準値を超えたとき、不適と判断する場合があります。逆に、定量検査で得られた数値（例えば、食品中のビタミン類）が基準値を下回ったとき、不適と判断する場合もあります。ここでサンプルが望ましくない検査結果であることは通常の工業製品では**不良品** (Defective) であることに相当します。

定性検査でサンプル中の陽性数は以前確率分布で解説したように基本的には非復元抽出の超幾何分布に従うと考えられます。ただし、第2章で説明したように超幾何分布はロットのサイズ$N$がサンプルサイズ$n$に比べて十分大きいとき二項分布で置き換えても（近似しても）実質的に問題はありません。そこで、ここでは$N$が$n$に比べて十分大きいとし、二項分布で置き換えます。すなわち、個体1個が検査で陽性となる確率を$p$としたとき、個体$n$個の中で$x$個が陽性となる確率$P(x)$は二項分布に従い、次の式(1)で表わされます。

$$P(x)=\binom{n}{x}p^{x}(1-p)^{n-x} \qquad (1)$$

一般に定性検査でロットの合格/不合格を判定する場合、個体$n$個の中で陽性となる不良品が最大$c$個まであれば該当するロットを合格とする、という判定基準を作ります。この$c$を**許容数**（Acceptance number）といいます。例えば、$n=8$かつ$c=2$であれば、全個体8個中、不良品が0個、1個、2個の場合はそのロットを合格としますが、不良品が3個以上の場合は不合格とします。すなわち、個体$n$個の中で不良品の許容数が$c$のとき、そのロットが合格する確率$P_{ac}$は不良品が$x$個現れる確率を$P_x$とすると次の式で表わされます。

$$P_{ac}=P_0+P_1+P_2+\cdots+P_c=\sum_{i=0}^{c}P_i \qquad (2)$$

ここで$P_i$はそれぞれの$i$に対して式(1)で表されます。なお、$x$が0から$n$までのすべてについての確率の和は式(3)のように当然1となります。

$$P_0+P_1+P_2+\cdots+P_n=\sum_{i=0}^{n}P_i=1 \qquad (3)$$

例として$n=10$かつ$c=2$の条件で検査をするとき、不良率$p=0.08$でロットが合格する確率を求めてみましょう。例えば、サンプル中で1個が不良品となる確率$P_1$は式(4)で示されます。

$$P_1 = \binom{10}{1} 0.08^1 (1-0.08)^{10-1} \tag{4}$$

この式を計算すると$P_1=0.378$となり、同様に8個中不良品が0個および2個出る確率$P_0$と$P_2$はそれぞれ0.434および0.148と計算されます。ロットの合格する確率$P_{ac}$は不良品が0個、1個および2個出る事象の確率の和ですから、次のように計算できます。

$$P_{ac} = P_0 + P_1 + P_2 = 0.434 + 0.378 + 0.148 = 0.960 \tag{5}$$

したがってこの条件では不良率0.08のとき、ロット合格率は0.960です。

このように、定性検査による不良率と決められた許容数からそのロットの合格する確率を求めることができます。次に、不良品の比率に対してそのロットの合格する確率Pをプロットすると、OC曲線を作成できます。図6ではロットから10個の個体を取り出し、許容できる不良品数$c$が0個、1個、2個、3個の場合の各OC曲線を示しています。許容する不良品数が多くなるにつれて、同じ不良率でも合格する確率も高くなることが分かります。言い換えると、許容数cが少ないほど急激に下降する厳格なOC曲線ができます。

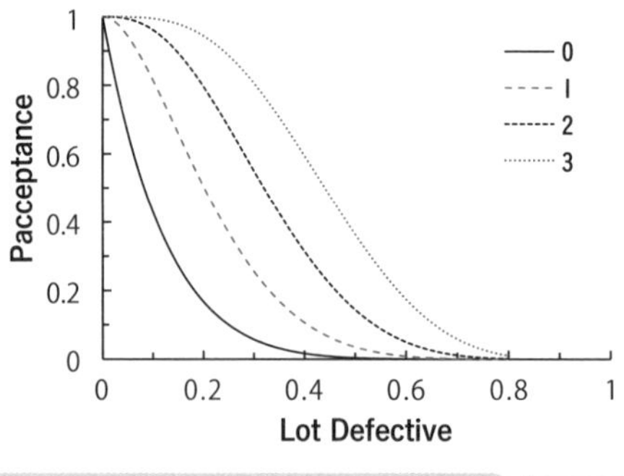


図6　不良品許容数がOC曲線に与える影響　Ex10-2 Acceptance#

$n$=10．数字は不良品の許容数を示します。

ロット当たりのサンプルサイズもOC曲線の形状に影響します。図7にサンプルサイズを10個、15個、30個取り出し、不良品許容数を一定（$c=2$）にした場合の各OC曲線を示します。サンプルサイズが多くなるほど、同じ不良率であっても合格率が小さくなり、合格基準が厳格となることが分かります。

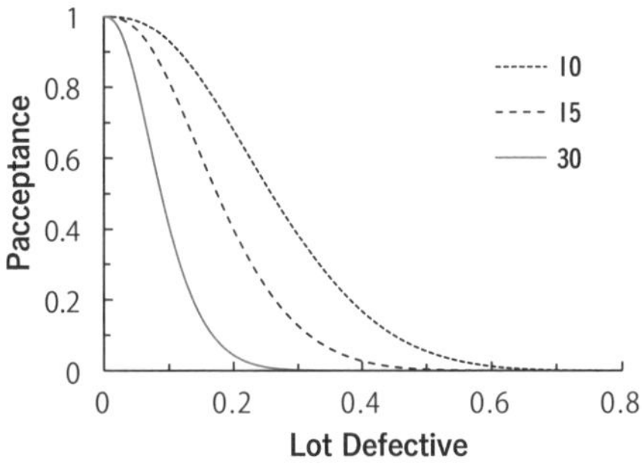


**図7　サンプルサイズのOC曲線に及ぼす影響**　Ex10-3 Sample size

数字はサンプルサイズを示します。ただし、$c$=2です。

# 10-2 サンプリングプランの考え方

あるロットの原料あるいは製品からサンプルを抜き取るとき、そのロットの特徴（量、数、対象物質の過去の検査データなど）から、検査するサンプルの個体数、すなわちサンプルサイズおよび不良（または不適格）品の許容数を事前に決めることを**サンプリングプラン**（Sampling plan）とよびます。これらの数は前述したOC曲線などを使って決め、検査結果から決められた基準値に合わないロットは不合格と判断されます。

一方、製品（または中間製品）の特徴からそれが個別かあるいは連続したものかによってサンプリングプランも異なります。連続した製品ではほぼ同一の条件下で製造された状態であるので、その検査は通常、製造中に行われます。また、1回サンプルを抜き取った後、その検査結果が適でも不適でもない中間的な場合は2回、3回とさらに抜き取り検査を行なう場合もあります。本書ではCodex委員会で発表したサンプリングプランに関するガイドライン等を基に、独立した個別のロットについて1回抜き取りのサンプリングプランについて解説します[1)]。なお、サンプリングプランは特に国際貿易においてはその内容を輸出業者（または生産者）と輸入業者の両者間で事前に合意しておく必要があります。その合意がないと対象ロットが不適格となった場合、両者間でトラブルの原因ともなります。

# 10-3 合格品質水準と限界品質

ロットの合格確率に関する不確実性を示すリスクとして生産者のリスクと消費者のリスクがあることを説明しましたが、サンプリングプランでは生産者のリスクを**合格品質水準**（Acceptable Quality Level, AQL）、消費者のリスクを**限界品質**（Limiting Quality, LQまたはLot Tolerance Percent Defective, LTPD）とよびます。通常のサンプリングプランでは生産者のリスクを5%とします。その場合、合格品質水準 AQLで合格する確率は95%となります。食品でのAQLは有害物質の場合は低い値（0.1%－0.65%）に、乳脂肪やタンパク濃度などの食品成分の場合は高い値（2.5－6.5%）に一般に設定されます。一方、サンプリングプランでは消費者のリスクLQを通常10%とします。ただし、微生物学的サンプリングプランでは一般に5%を使います。

図8に定性検査におけるOC曲線上のAQLとLQの関係を表します。図の横軸はロットでの不良（または検査結果陽性）の比率を、縦軸はロットの合格する確率を示します。AQLはロットの合格率が0.95（$P_{95}$とも表します）となるような不良率で、この図の例ではAQL＝$P_{95}$＝ 0.085です。LQはロットの合格率が0.10（$P_{10}$とも表します）となるような不良率で、この例ではLQ＝$P_{10}$＝0.45です。前述したように、不良率が上がるにつれて合格する確率が急速に下降するOC曲線ほどマージン（図4の青色部分）の小さい厳格な望ましい曲線といえます。

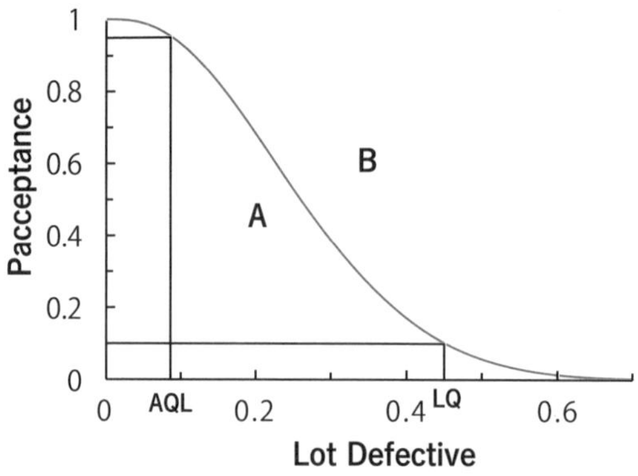


図8 OC曲線におけるAQLとLQ

Aが合格する領域、Bが不合格となる領域を示します。

また、消費者のリスク$P_{10}$を生産者のリスク$P_{95}$で割った比を**識別比** Discrimination Ratio(DR)といいます。

$$DR=\frac{P_{10}}{P_{95}} \tag{6}$$

この比はサンプリングプランの効率を評価でき、35未満の場合は効率の低いプランとされます。この例では$\mathrm{DR}=\frac{0.45}{0.085}$より5.3となります。

■ **参考** ■ ロットサイズとサンプルサイズ

検査対象となるロットの大きさ（Lot Size）が大きい場合はサンプルサイズも増やす方が推奨されています。ただし、ロットの大きさ、すなわちサイズとそこから取り出すサンプルサイズについて適切な関係を示す明確な科学的根拠はありません。しかし、サンプルサイズには制限があるため、ロットサイズを大きくしすぎるといくつかの問題が生じます。

# 10-4 サンプリングプランの種類

サンプリングプランには**計数型サンプリングプラン**（Attribute Sampling Plan）と**計量型サンプリングプラン**（Variable Sampling Plan）の2種類があります。

計数型プランでは対象とするロットから適切なサイズのサンプルを取り出し、目的とする物質について定性あるいは定量検査を行ないます。検査の結果、定性検査では有害物質が陽性個体数、定量検査では有害物質が基準値を超えた個体数が上述した許容数を超えたロットは不合格あるいは違反となります。このように計数型サンプリングプランでは陽性個体数によって判定が決まり、前述したように検査法が定量であるか定性であるかは関連がありません。

一方、計量型サンプリングプランでは、ロットから適切なサイズのサンプルを取り出し、対象物質について定量検査を行ないます。その測定値から平均と標準偏差を求め、これらの値から決められた数式に従って得られた数値に従ってそのロットの合否を判断します。つまり、その数値が基準値の範囲内であれば、そのロットは合格、範囲外であれば不合格となります。

次に計数型および計量型サンプリングプランについてさらに説明します。

# 10-5 計数型サンプリングプラン

## 一般的な計数型サンプリングプラン

一般的な計数型サンプリングプランでは、まずAQLとLQの値を決め、次にそれらの値からサンプルサイズ$n$と許容数$c$を求めます。すなわち、各種の要因を考慮して通常$P_{95}$となる不良率AQLと$P_{10}$となる不良率LQを最初に決めます。ここで、AQLとLQの不良率の値をそれぞれ$p_1$と$p_2$としますと、定性検査によるOC曲線で説明したように、製品の良／不良は二項分布に従って現われると考えられ､次の式が成り立ちます。ここで、生産者のリスク$\alpha$は0.05および消費者のリスク$\beta$は0.1です。

$$1-\alpha=\sum_{d=0}^{c}\binom{n}{d}{p_1}^{d}(1-p_1)^{n-d} \tag{7}$$

$$\beta=\sum_{d=0}^{c}\binom{n}{d}{p_2}^{d}(1-p_2)^{n-d} \tag{8}$$

この2式を使って$n$と$c$について解きますが、計算が複雑で、しかも近似的な解しか求められません。

JISハンドブック「品質管理」ではAQLとLQの値から$n$と$c$を推定する表が載せられています[2)]。例えば$AQL=\mathrm{P}_{95}=0.02$と$LQ=\mathrm{P}_{10}=0.08$を設定した場合、JISハンドブックなどから最適な$n$と$c$を推定すると$n=100$と$c=4$が得られます。これらの値を使って実際にOC曲線を描くと、図9に示す曲線となります。この曲線が2点$AQL=0.02$と点$LQ=0.08$の近くを越えないで通ることが分かります。

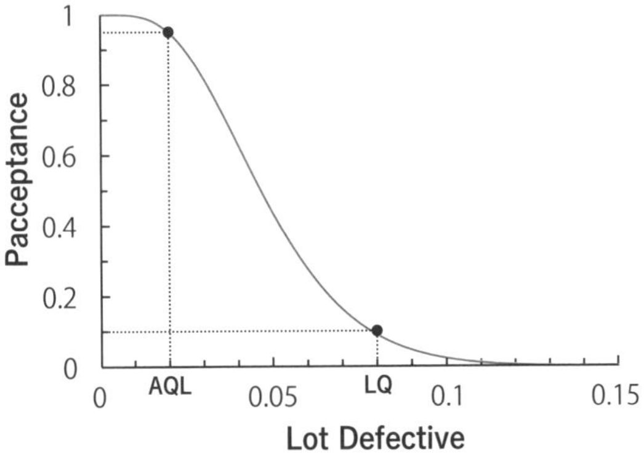


図9　計数型サンプリングプランによるOC曲線（$n$=100および$c$=4）



## AQL

サンプリングプランにおいてCodex委員会はAQLの値として0.65%、2.5%、6.5%を挙げています[1]。この値が小さいほど、厳しい基準となります。例えば、ロットサイズ（品目 Itemの数）が51−90で$n=8$の場合、$AQL$＝0.0065、0.025、0.065に対して図10に示すように許容数$c$の値は$P_{95}$を通る直線との交点から決まります。OC曲線は各$AQL$値を超えない必要があるので、適合する$c$の値は図から分かるように順に0, 0, 1となります。これらの$c$の値はCodex委員会ガイドライン（CAC/GL 50−2004）のTable 10の値と一致します[1]。

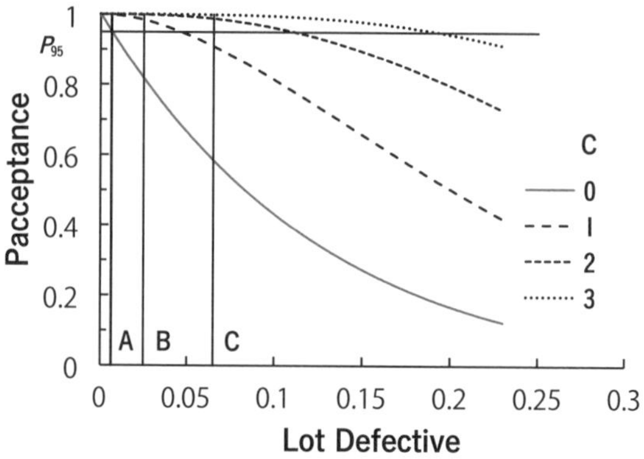


図 10　計数型サンプリングプランによる OC 曲線（$n$=8）

直線A, B, CはそれぞれAQL=0.0065, 0.025, 0.065に対応します。
図中の数字は$c$の値を示します。

例としてCodex委員会では低ナトリウムチーズのナトリウム濃度について120 mg/100gという基準値Uを設け、計数型サンプリングプラン（AQL＝2.5%）を$n$＝5, $c$＝0としています[1)]。すなわち、あるロットから取り出した5つの個体中1つでもそのナトリウム濃度が120 mg/100gを超えると、そのロットは不適と判断されます。

## 計数型サンプリングプランの手順

Codex委員会（CAC/GL 50-2004）ではISO 2859-1の計数一回抜取り検査を簡素化して、きつい (tightened)、なみ (normal)、ゆるい (reduced) という3つの検査水準 (Inspection level) を設定しています[1)]。検査水準が厳しくなるほど、より大きなサンプルサイズ、つまり多くの個体数を検査する必要があります。手順としては①この3つの水準から1つを選び、②次に$AQL$の値を決めます。③最後に選び出すサンプルサイズ$n$を決めます。④OC曲線を作成すると$c$の値を求められますが、添付されている表から直接読み取ることもできます。

一方、Codex委員会のガイドラインでは残留農薬の基準適合性を判断するため、サンプリングプランが次のように記載されています[3]。すなわち、あるロットの不良率（違反率）を$v$、サンプルサイズを$n$とすると、ある1個の個体が不良でない確率は$1-v$ですから、$n$個の個体がすべて不良個体でない確率は$(1-v)^n$となります。したがって、$n$個の個体中で1個以上の不良個体が現われる確率$P$は次の式で表せます。

$$P=1-(1-v)^n \tag{9}$$

次に、検査の信頼度となる確率$P$をある値（例：99％、95％、90％など）に設定した場合、違反率$v$に対して必要なサンプルサイズ$n$の値を求めることができます。例えば、$v=0.01$のとき、$P=0.95$と設定した場合、最適な$n$の値を求めるとします。式(9)にこれらの数値を代入すると$0.95=1-(1-0.01)^n$となります。これを解くと$0.05=0.99^n$となり、両辺の常用対数をとって計算すると、$n=298$が得られます。

# 10-6 計量型サンプリングプラン

計量型サンプリングプランでは、対象ロットから複数の個体から成るサンプルを取り出し、対象とする項目について定量検査を行ないます。得られた測定値から平均と標準偏差を求め、この2つから求めた指標の値が許容する基準範囲を外れた場合、不合格あるいは違反となります[1)]。このとき、ロットの標準偏差が既知である場合と未知の場合で合格判定基準の設定が異なります。すなわち、標準偏差が既知で安定した値の場合は過去のロットのデータからその標準偏差は一定であるとみなし，その値を使います。これを$\sigma$法といいます。一方、標準偏差が未知の場合はサンプルの検査結果から標準偏差を推定し、その値を用いて判定します。この方法をs法といいます。

計量型サンプリングプランの一般的な手順は①$\sigma$法かs法かを決め、②検査水準（ゆるい、なみ、きつい）を決め、③AQLの値（0.65%、2.5%、6.5%）を選びます。この条件から、サンプルサイズと合否判定定数$K$の値を得て、サンプルを抽出します。

$\sigma$法ではそのロットから取り出した$i$個の測定値$x_i$から平均$\overline{x}$を求めます。次に、検査項目ごとにガイドラインで定められた最小値$L$と最大値$U$という基準値があるので、平均$\overline{x}$について次の関係が成り立つときのみ、そのロットは合格となります。

$$L+K\sigma \leqq \overline{x} \leqq U-K\sigma \tag{10}$$

上限あるいは下限のいずれかでこの式が成り立たない場合、そのロットは不合格となります。

s法ではロットから取り出した$n$個の測定値から平均$\overline{x}$および不偏標準偏差$s$を求めます。次に$\sigma$法と同様、次の式(11)の関係が成り立つときのみ、そのロットは合格となります。

$$L+Ks \leqq \overline{x} \leqq U-Ks \tag{11}$$

Codex委員会のガイドラインに示された例を説明すると、前述した低ナトリウムチーズにおいてナトリウム濃度で120 mg/100gという最大基準値$U$を設けています[1]。サンプリングプランをISO 3951に従うとすると、$AQL=2.5\%$で$n=5$, $K=1.39$となります。ここでは$\sigma$法を用い、既知の標準偏差を$\sigma=3.5$ mg/100gとします。対象ロットから取り出したサンプル5個の測定結果が118, 123, 117, 121, 111 mg/100gであったとき、この平均は118 mg/100gと計算されます。この値が式⑽と⑾に示す上限値か下限値かの一方（または両方）で範囲外になるとそのロットは不適合となります。すなわち、この例で上限値は$120-1.39\times3.5=115.1$ mg/100gと計算され、このロットの平均118 mg/100gはこの上限値を超えているので、このロットは$\sigma$法において不適合と判断されます。なお、$K$の値はロットサイズ、検査水準（ゆるい、なみ、きつい）とAQLの値（0.65%、2.5%、6.5%）によって決まります。

多くの場合、対象とするロットについて既知の標準偏差は分からないので、s法が使われます。

また、計数方式と計量方式のどちらのサンプリングプランをとるかは①対象とする特性が定量的に測定できるかどうか、さらに②その定量的に測定された値が正規分布に従うかによって判断されます。この両者を満たした場合にのみ計量方式となります。

# 10-7 微生物学的サンプリングプラン

これまでは製品（食品）中の化学物質を対象としたサンプリングプランを説明してきましたが、次に汚染する微生物を対象とした**微生物学的サンプリングプラン**を解説します[1)]。微生物学的サンプリングプランはこれまで説明してきた一般的なサンプリングプランを基本としていますが、微生物固有の考慮すべき点もあります。例えば、食品中の微生物の汚染分布を考慮することも必要になります。

## 微生物学的サンプリングプランの特徴

微生物学的サンプリングプランには**2階級計数プラン**（Two-class attributes plan）と**3階級計数プラン**（Three-class attributes plan）の2種類があります。これらのプランは共に計数プランであることに注意が必要です。食品の微生物学検査もその結果を①微生物濃度で表わす定量検査と②陽性か陰性かで表わす定性検査に大別できます。

微生物学的2階級計数プランは①定量検査でロットから取り出したサンプルの対象微生物の濃度が基準値$m$ CFU/gを超えるか否かで合格か不合格かを判定します。②定性検査ではサンプル中に対象微生物が存在するか否かで判定します。定量あるいは定性検査のいずれにしてもそのロットから取り出した個体$n$個中の不良品が最大許容数$c$個を超えると、そのロットを不合格とします。2階級計数プランの対象微生物は、サルモネラやリステリアなどの病原性を持つ微生物となります。実際にこれらの微生物の食品汚染濃度は低いかあるいは非常に低い値となっています。

3階級計数プランは定量検査で行ない、2階級計数プランによる基準濃度$m$ CFU/gに加え、$m<M$となる新しい基準濃度$M$ CFU/gを設定します。微生物検査の結果、対象微生物の濃度が$M$を超える個体が1つでもある場合、$m$を超えた個体数が$c$を越えなくてもそのロットは不合格となります。

3階級計数プランの対象微生物は汚染濃度が比較的高く、病原性がない一般細菌や低温細菌、酵母などとなります。

微生物学的サンプリングプランでは一般にそのロットの対象微生物の平均濃度は対数変換した濃度で正規分布をする（対数正規分布）と仮定しています。そのため、ロットの微生物濃度（横軸）は通常、対数変換した値log(CFU/g)で表されます。また、微生物学的サンプリングプランでは生産者のリスクよりも消費者のリスクを重要と考え、その確率も10%よりも5%を多く使い、より厳しい条件となっています。

ここではCODEX委員会および国際食品微生物規格委員会(International Commission on Microbiological Specifications for Foods, ICMSF）によって公開された資料に基づき、2階級および3階級計数サンプリングプランについての概要を解説します[1),4),5)]。また、2階級計数サンプリングプランでは定量検査によるサンプリングプランと定性検査によるサンプリングプランとでは考え方が異なるため、両者を分けて解説します。

## 2階級計数サンプリングプラン

①　定量検査における2階級計数サンプリングプラン

定量検査による2階級計数サンプリングプランではロットの対象微生物の汚染濃度が基準値を超えているか否かが合格かのポイントとなります[5)]。すなわち、定量検査の結果、サンプルサイズ$n$の中で基準濃度$m$を越えた不良数がいくつあるかを求め、その数が許容数$c$を越えたロットは不合格と判定されます。

サンプルの有害化学物質濃度が基準を超えるかどうかを図2および図3で説明しましたが、微生物においても同様に考えます。ただし、微生物学的サンプリングプランでは消費者のリスク(5%)からのみプランを作成します。これだけではサンプルサイズ$n$と許容数$c$は特定できませんので、病原微生物に対しては$c=0$と設定します。

各種サンプルサイズでOC曲線を作成し、それから条件に合う最適なサンプリングプランを考えてみます。例えば、対象微生物の基準値が

$m=1=10^0$ CFU/g、つまり0 log CFU/gで$c=0$の場合、$n=3, 4, 5$でのOC曲線を図11に示します。ここで汚染濃度の標準偏差は0.8 log CFU/gとします。基準値に等しい濃度0 log CFU/gのロットが合格する確率は図のように各曲線と基準値での垂直な直線との交点で表され、$n=3, 4, 5$のとき、それぞれ0.125、0.0625、0.003125です。したがって、ここでの確率が消費者のリスク0.05かそれより低くて最大の値は5となり、これが求めるサンプルサイズ$n$となります。

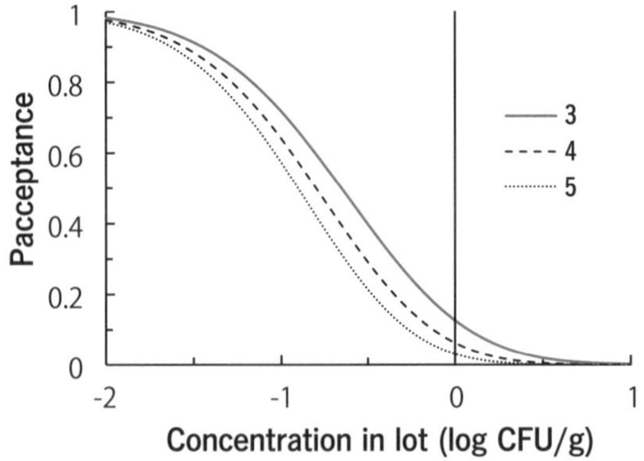


図11 計数サンプリングプラン(定量検査)におけるOC曲線 Ex10-4 Log norm

垂直な直線は基準値$m$を示します。数字はサンプルサイズを示します。

② 定性検査における2階級計数サンプリングプラン

定性検査では、サンプルの分析単位（Analytical Unit）の大きさ（重量または体積）が大きなポイントです。例えばあるロットのサルモネラの陽性/陰性を10 gのサンプルで調べるのか、25 gのサンプルで調べるのかで検査結果は異なる可能性があります。つまり、ロットでの汚染濃度が低い場合、10 gよりも25 gの分析単位で調べた方が陽性となる確率は高くなると考えられます。

定性検査による2階級計数サンプリングプランにおいても、ロット中の微生物はどのように分布しているかは重要なポイントになります。すなわち、ある食品において対象微生物が空間的にどのように分布しているかで使用する確率分布も変わります。対象微生物の濃度がその食品の部位によって大きく異なり、平均よりも分散の方が大きい場合は過分散と考えられ、負の二項分布を使うことができます。平均と分散がほぼ等しい場合はポアッソン分布が適用できます。もし平均よりも分散の方が小さい場合は二項分布が使えます。一方、対数正規分布はその平均と分散の間に関係がないため、いろいろな場合に使うことができます。ただし、微生物濃度0 CFU/gは数学的に対数で表せないので、対数正規分布では濃度0 CFU/gを扱うことができません。ICMSFでは、ポアッソン－対数正規分布(Poisson-lognormal distribution) という複雑な確率分布を仮定しています[4), 6)]。ここではポアッソン分布あるいは対数正規分布を仮定したプランを解説します。

ポアッソン分布に基づいた2階級計数サンプリングプラン：

サンプルの平均微生物濃度を$\mu$ CFU/g、検査に用いる大きさを$a$ gのとき、ポアッソン分布に基づけばこのサンプルに$x$ CFUの微生物が存在する確率$P(x)$は次の式⑿で表わされます。

$$P(x)=\frac{(a\mu)^x}{x!}e^{-a\mu} \tag{12}$$

最確数法で説明したように、対象微生物が存在しない（結果が陰性）確率$P(0)$は$\mathrm{e}^{-\mu}$となるので、サンプル中にその微生物が1個以上存在する、つまり検査で陽性となる確率は$1-\mathrm{e}^{-\mu}$です。一方、サンプル$n$個の中で不良品が$i$個現れる確率$P(n, \mathrm{i})$は二項分布に従います。最終的にサンプル$n$個の中で不良（ここでは陽性）数$i=0, 1, \cdots, c$までこのロットは合格とするので，合格する確率$P$は式⑻で示されます。こうしてOC曲線を作成します。

例えば、$a=25$ gおよび$c=0$の場合、各サンプルサイズ（$n=2, 3, 4$）でのOC曲線を図12に示します。ここで基準値を$5(=10^{-1.30})$ cell/100gとすると、この濃度のロットが$n=2, 3, 4$で合格する確率はそれぞれ0.0821, 0.0235, 0.00674です。消費者のリスクを5%とすると、$c=0$のとき0.05以下で最も近いのは$n=3$の場合ですから、これがサンプルサイズになります。

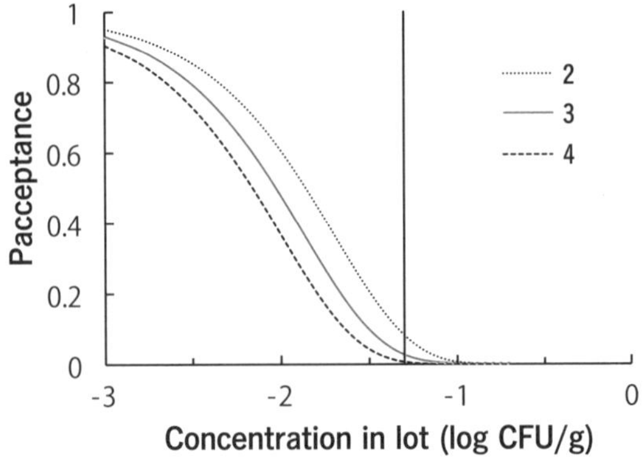


図12 ポアッソン分布に基づく2階級計数サンプリングプランのOC曲線

Ex10-5 Pois

垂直な直線は基準値$m$を示します。数字はサンプルサイズを示します。
なお、微生物濃度（横軸）は対数変換しています。

対数正規分布に基づいた2階級計数サンプリングプラン：

ロットの対象微生物濃度（対数値）が正規分布$N(\mu, \sigma^2)$に従うと仮定すると、濃度がx(log/g)のときの確率は次の式で表されます。

$$f(x)=\frac{1}{\sqrt{2\pi}\,\sigma}e^{\frac{-(x-\mu)^2}{2\sigma^2}} \tag{13}$$

定性検査に用いるサンプル量を$a$ gとすると、あるサンプルに1個の微生物が存在する濃度は$1/a$であり、その対数値は$\log(1/a)$です。サンプル25 g中に対象微生物が1個存在していたとすると、その濃度は1/25＝0.04 CFU/gとなり、0.04を対数で表わすと$0.04=10^{-1.40}$より－1.40 logと表されます。この濃度が検査結果で陽性/陰性の境界値となります。ロットの平均濃度が$r$ log/gのとき、そのサンプルに微生物が存在しない陰性の確率（すなわち合格となる確率$P_a$）は次の式に示すように対数正規分布の確率密度関数（式⑬）を濃度－∞から$\log(1/a)$まで積算した値となります。

$$P_a=\int_{-\infty}^{\log\frac{1}{a}} f(x)dx \tag{14}$$

一方、微生物が陽性となる確率は1から陰性となる確率を引いた値$1-P_a$で、これが不合格する確率となります。

したがって$n$個の個体の中で不良品が$i$個現れる確率$P(n, i)$は二項分布に従い、最終的に$n$個の中で不良（ここでは陽性）数$i=0, 1, \cdots, c$までこのロットは合格とするので，合格する確率$P$は式(8)で示されます。こうしてOC曲線を作成します。

例えば$a=25$gおよび$c=0$の場合、微生物濃度の標準偏差を0.8 logとすると、ロットの平均濃度に対して次のようなOC曲線を描くことができます。各種サンプルサイズ（$n=2, 3, 4$）でのOC曲線を図13に示します。もし基準値$P_5$が上記と同じ$5/100=(10^{-1.30})$CFU/gとすると、ここでの確率は順に0.204, 0.0919, 0.00415となり、0.05以下で最も近いのは$n=4$の場合です。この値は上記のポアッソン分布を仮定した場合$n=3$とは1つ違いました。

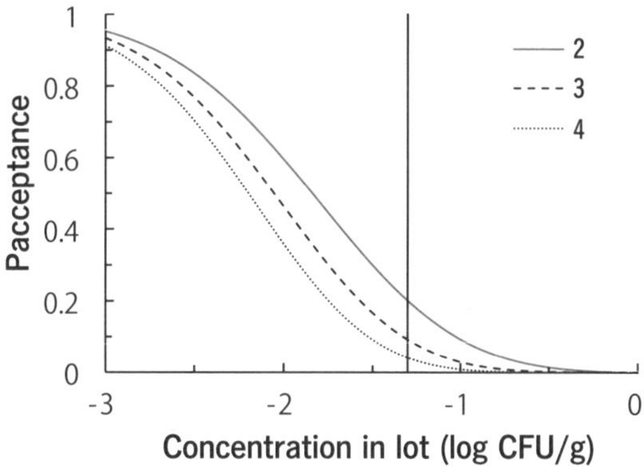


図13 対数正規分布に基づく2階級計数サンプリングプランのOC曲線
垂直な直線は基準値$m$を示します。数字はサンプルサイズを示します。

## 3階級計数サンプリングプラン

3階級計数サンプリングプランの例としてロットの対象微生物濃度が対数正規分布Lognormal(3.4, 0.9)に従うと仮定し、基準値を$m=4$ log CFU/gおよび$M=5$ log CFU/gと設定します（図14）。3階級計数サンプリングプランでは微生物濃度が$m$を超える確率は2つの基準値$m$と$M$の間に入る確率（図の水色部分）と$M$を超える確率（図の青色部分）の2つに分けられます。

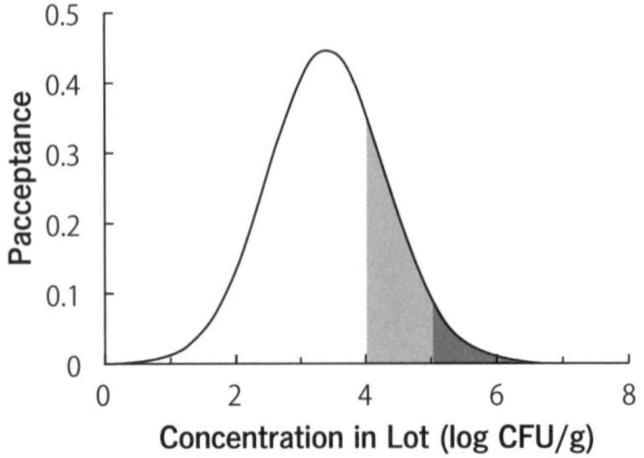


図14　3階級計数サンプリングプランの考え方

2本の直線は基準値$m$(=4 log)および$M$(=5 log)を示します。

3階級計数サンプリングプランでは定量検査によって基準値$m$を超えたサンプル数が許容数$c$以下であっても、1つでも基準値$M$を超えたサンプルがあれば、そのロットは不合格となります。ただし、定量検査による2階級計数サンプリングプランで$c=0$の場合はサンプルの中で1つでも基準値$m$を超えるとそのロットは不適格と判断されますので、新しい基準値$M$を設定して3階級計数プランを設定する必要はなくなります。

3階級計数プランのOC曲線をこの3項分布を使って描きます。例として$m=4$ log、$M=5$ logおよび$c=1$で、ロットの微生物濃度が$\sigma=0.9$ logの対数正規分布で表されると仮定すると、サンプルサイズ$n$が6から8までのOC曲線は図15のように描けます。

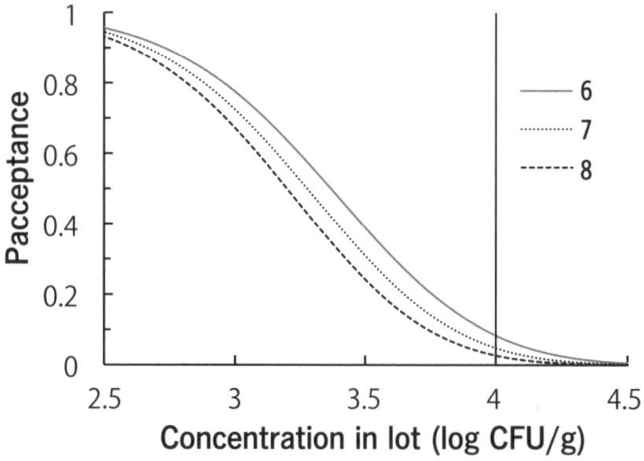


**図15** 3階級計数サンプリングプラン（定量検査）におけるOC曲線

点線は基準値$m$で垂直な直線を示します。数字はサンプルサイズを示します。

基準値$m$=4 logで合格する確率は図の4 logでの直線との交点となり、$n$=6、7、8でそれぞれ0.0844, 0.0479, 0.0268となります。したがって消費者のリスクを0.05とすると、$n$=7が求めるサンプルサイズとなります。

■ **参考** ■ 3階級計数サンプリングプランのOC曲線作成手順[6)]

2階級計数サンプリングプランの場合と同様、最初に各微生物濃度が－∞から基準値$m$までの確率$P_a$を求めます（式(14)）。ここで、$f(x)$は対数正規分布関数を示します。図14では確率密度曲線の白抜きの部分に相当します。

$$P_a = \int_{-\infty}^{m} f(x)dx \tag{15}$$

次に、－∞から基準値$M$までの確率$P_M$を求めます（式(15)）。図14では確率密度曲線の白色と水色の部分の和に相当します。

$$P_M = \int_{-\infty}^{M} f\left(\mu,\ \sigma^2\right)d\mu \tag{16}$$

したがって基準値$m$から$M$までの確率$P_m$は次の式(16)で表わされます。図14では確率密度曲線の水色部分に相当します。

$$P_m = P_M - P_a \tag{17}$$

また、濃度が基準値$M$から＋∞の区間に相当する確率$P_d$は図14の青色の部分に相当しますが、次の式(17)で表されます。

$$P_d=\int_M^{+\infty} f(\mu,\ \sigma^2)d\mu \tag{18}$$

3階級計数プランでは図14に示すように3つの領域に分けて考えます。従って多項分布、ここでは3項分布を使ってOC曲線を作成します。3項分布ではある試行を行なって起きる事象はA、B、Cの各事象の起きる確率を$p_A$、$p_B$、$p_C$とします。ここで$p_A+p_B+p_C=1$です。このとき、例えば試行を6回行なってA、B、Cがそれぞれ3回、2回、1回起きる確率$P$は次の式(18)で表せます。

$$P=\frac{6!}{3!2!1!}{p_A}^3{p_B}^2{p_C}^1 \tag{19}$$

式(18)の階乗の部分を*multi*(A、B、C)と置き、3階級計数プランでサンプルサイズを$n$、不適許容数を$c$とします。図14の青色の部分、すなわち$M$を超えるとこのサンプルは必ず不適となるので、ある微生物濃度で合格する確率$P$は、次の式(19)で表すことができます。

$$P=multi(n-c,\ c,\ 0)\times {P_a}^{n-c}{P_m}^c \tag{20}$$

この式は濃度が$m$未満となる事象（白色部分、確率$P_a$）が$n$–$c$回、$m$から$M$までとなる事象（水色部分、確率$P_m$）の回数が$c$回、$M$以上となる事象（濃い青色部分）が0回起きる確率を表しています。

また、ここでは$c=1$なので各微生物濃度について$c=0$と$c=1$のときの確率の和が、最終的な確率となります。

## 微生物学的サンプリングプランのためのソフトウェア[6]

国際食品微生物規格委員会ICMSFでは一般ユーザー向けに微生物学的サンプリングプランのためのソフトウェアMicrobiological sampling plans: a tool to explore ICMSF recommendationsをインターネット上で無償提供しています。このソフトウェアを使って、各種条件下でのサンプリングプランを作成できます。

# 10-8 まとめ

以上説明してきた製品および原料のサンプリングプランは表1のようにまとめることができます。

表1　サンプリングプランのまとめ

| 対象物質 | サンプリングプラン | 検査方法 |
|---|---|---|
| 化学物質 | 計数 | 定性および定量 |
| | 計量 | 定量 |
| 病原微生物 | 2階級計数 | 定性および定量 |
| 非病原微生物 | 3階級計数 | 定量 |



参考文献


1) CODEX ALIMENTARIUS COMMISION. 2004. GENERAL GUIDELINES ON SAMPLING. CAC/GL 50-2004. http://www.fao.org/uploads/media/Codex_2004_sampling_CAC_GL_50.pdf

2) 日本工業規格JIS Z9002–1956. 計数規準型一回抜取検査表. https://kikakurui.com/z9/Z9002–1956–01.html

3) CODEX ALIMENTARIUS COMMISSION. CAC/GL 33–1999. RECOMMENDED METHODS OF SAMPLING FOR THE DETERMINATION OF PESTICIDE RESIDUES FOR COMPLIANCE WITH MRLS.

4) M. van Schothorst, M. H. Zwietering, T. Ross, R. L. Buchanan, M. B. Cole, and International Commission on Microbiological Specifications for Foods (ICMSF). 2009. Relating microbiological criteria to food safety objectives and performance objectives. Food Cont., 20, 967–979.

5) J. D. Legan, M. H. Vandeven, S. Dahms, and M. B. Cole. 2001. Determining the concentration of microorganisms controlled by attributes sampling plans. Food Cont., 12, 137–147.

6) 藤川浩. 実践食品安全統計学. 2019. NTS.

# クイズ解答

なお、クイズの詳細な解答は本書のサポートページ（https://gihyo.jp/book/2023/978-4-297-13166-1）に掲載されています。

## ■第１章

**クイズ１**　⑴ 1/42　⑵ 48　⑶ 24

**クイズ２**　⑴ 6　⑵ 20　⑶ 210　**クイズ３**　6720

**クイズ４**　⑴ 35　⑵ 1　⑶ 21　**クイズ５**　15504（通り）

**クイズ６**　525（通り）　**クイズ７**　1/6　**クイズ８**　1/4

**クイズ９**　171/780　**クイズ 10**　15/16

**クイズ 11**　⑴ 3/13　⑵ 3/52　⑶ 11/26

**クイズ 12**　⑴ $8\times10^{-9}$　⑵ 0.008　**クイズ 13**　80/81

**クイズ 14**　⑴ 0.75　⑵ 0.9　**クイズ 15**　1/2

**クイズ 16**　⑴ $P(A\cap B)=1/6$,　$P(A|B)=1/2$,　$P(B|A)=1/3$.

⑵事象 A と B は独立です。

## ■第２章

**クイズ１**　いずれの変数も確率変数となり得ます。

**クイズ２**　E[X]＝2.4　V[X]＝6.84　**クイズ３**　平均 5/2、分散 5/4.

**クイズ４**　平均 3000（円）、分散 9000000（円$^2$）。

**クイズ5**　$E[X]=1\times p+0\times(1-p)=p$　$V[X]=1^2\times p+0^2\times(1-p)-p^2=p-p^2=p(1-p)$

**クイズ６**　４題中３題正解を選ぶ確率は 16/625、

少なくとも１題は正解を選ぶ確率は 369/625.

**クイズ７**　平均 4/5,　分散 16/25　**クイズ８**　0.801

**クイズ９**　15/512　**クイズ 10**　184/1225

**クイズ 11**　A：平均 0.75,　分散 0.6375　B：平均 30,　分散 25.5

**クイズ 12**　0.108　**クイズ 13**　平均 120、分散 60、$P(110\leqq X<+\infty)=0.902$

**クイズ 14**　1/9　**クイズ 15**　全確率は１であるから三角形の面積の公式より $(c-a)\times f(b)/2=1$ となります。従って $f(b)=2/(c-a)$.

**クイズ 16**　①正規分布　②負の二項分布　③二項分布（またはポアッソン分布）　④二項分布　⑤ポアッソン分布

## ■第３章

**クイズ１**　$\mu$＝850(g)、$\sigma^2$＝480（g$^2$）　**クイズ２**　p=2/3

## ■第４章

**クイズ１**　傾き 0.593、切片 37.1、決定係数 0.824.　**クイズ２**　$9.6\times10^{-4}$(1/ml)

## 第５章

クイズ１　A. 0.98　B. $10^{-4}$　C. 98　D. 3　E. $10^{-4}$　F. 0.98
G. 0.03　H. 0.030095　I. 0.0033

クイズ２　$P(C|R)=3/17$　クイズ３　96/221

クイズ４　$\pi_1(\theta|R)=2\theta$,　$\pi_2(\theta|R)=6\theta(1-\theta)$,　$\pi_3(\theta|R)=12\theta(1-\theta)^2$

クイズ５　A. 二項　B. 40　C. 15　D. 15　E. 40　F. 15　G. 25　H. 一様　I. 1
J. 積　K. 15　L. 25

クイズ６　Be(16, 26),　MAP=0.375,　EAP=8/21　クイズ７　Ga(8, 5)

## 第６章

クイズ１　$f(P1)=\mathrm{Beta}(5, 22)$, $f(P2)=\mathrm{Beta}(6, 31)$

クイズ２　$f(\lambda \mid \alpha,\ t)=Gam(26, 1/4)$

クイズ３　$f(M \mid s, n, D)=\mathrm{Hypergeo}\ (3, 13, 16, M)$

## 第９章

クイズ１　(1) 0.896　(2) 0.986　(3) 0.990

# INDEX

## あ行



## か行

さ行



た・な行

●**著者紹介**

**藤川　浩**（ふじかわ　ひろし）

東京農工大学名誉教授、理学博士。専門は食品衛生学、公衆衛生学。著書に『Excelで学ぶ食品微生物学』（オーム社）、『生物系のためのやさしい基礎統計学』（講談社）、『食品安全統計学－RとExcelを用いた品質管理とリスク評価』（NTS）、『演習で身につける統計学入門』（技術評論社）など。



DTP ● 株式会社RUHIA
カバー・本文デザイン ● 志岐デザイン事務所
カバーイラスト ● ゆずりはさとし

ファーストブック
**リスク解析《かいせき》がわかる**

2023年　1月4日　初版　第1刷発行

著　者　藤川《ふじかわ》 浩《ひろし》
発行者　片岡 巌
発行所　株式会社技術評論社
東京都新宿区市谷左内町 21-13
電話　03-3513-6150 販売促進部
03-3513-6166 書籍編集部
印刷／製本　日経印刷株式会社

定価はカバーに表示してあります。



本書の一部または全部を著作権法の定める範囲を超え、無断で複写、複製、転載あるいはファイルに落とすことを禁じます

©2023　藤川浩



造本には細心の注意を払っておりますが、万一、乱丁（ページの乱れ）や落丁（ページの抜け）がございましたら、小社販売促進部までお送りください。送料小社負担にてお取り替えいたします。

ISBN 978-4-297-13166-1 C3041

Printed in Japan

本書へのご意見、ご感想は、技術評論社ホームページ（https://gihyo.jp/）または以下の宛先へ、書面にてお受けしております。電話でのお問い合わせにはお答えいたしかねますので、あらかじめご了承ください。

〒162-0846
東京都新宿区市谷左内町 21-13
株式会社技術評論社　書籍編集部
『リスク解析がわかる』係
FAX：03-3513-6183
『リスク解析がわかる』ウェブページ
https://gihyo.jp/book/2023/978-4-297-13166-1